Dr Kamal Nain Chopra

Evolução da Ciência dos Materiais - Novos conceitos e aplicações de investigação

Dr Kamal Nain Chopra

Evolução da Ciência dos Materiais - Novos conceitos e aplicações de investigação

Conceção óptima de dispositivos para nanozimas, biopolímeros e compósitos verdes

ScienciaScripts

Imprint
Any brand names and product names mentioned in this book are subject to trademark, brand or patent protection and are trademarks or registered trademarks of their respective holders. The use of brand names, product names, common names, trade names, product descriptions etc. even without a particular marking in this work is in no way to be construed to mean that such names may be regarded as unrestricted in respect of trademark and brand protection legislation and could thus be used by anyone.

Cover image: www.ingimage.com

This book is a translation from the original published under ISBN 978-620-7-64799-6.

Publisher:
Sciencia Scripts
is a trademark of
Dodo Books Indian Ocean Ltd. and OmniScriptum S.R.L publishing group

120 High Road, East Finchley, London, N2 9ED, United Kingdom
Str. Armeneasca 28/1, office 1, Chisinau MD-2012, Republic of Moldova, Europe
Printed at: see last page
ISBN: 978-620-8-25956-3

Conteúdo

Prefácio

Este livro sobre um tema, sobre o qual a disponibilidade de literatura, especialmente num único local, é muito necessária para os cientistas em particular, e para os investigadores e académicos em geral, que trabalham neste fascinante domínio da Ciência dos Materiais. praticamente, todos os tópicos importantes e futuros como - Química Analítica para a monitorização de Poluentes no Ambiente, Biopolímeros para Soluções de Sustentabilidade, Nanozimas - Usos e Aplicações e seu Desenvolvimento, Nanomateriais para Aplicações Biomédicas, Biopolímeros e Compósitos Verdes, e Junções de Tunelamento Magnético e suas Aplicações em Dispositivos Spintrónicos foram discutidos neste livro. Por conseguinte, espera-se que este livro seja de grande interesse e utilidade para os investigadores e cientistas em início de carreira neste domínio, uma vez que fornece um grande número de resultados teóricos e experimentais disponíveis na literatura, para que tenham uma compreensão clara do assunto e também para escolherem a direção a seguir para realizarem investigação neste domínio fascinante. Espera-se que este livro sirva os investigadores para aumentar os seus conhecimentos sobre o tema, e também o seu interesse em fazer esforços mais concentrados na realização de investigação neste domínio em rápida evolução.

Capítulo 1

Química analítica para o controlo dos poluentes no ambiente

As microcavidades ópticas têm sido recentemente objeto de grande interesse e atividade de investigação, incluindo a química analítica. Uma nova aplicação da química analítica tem sido o estudo dos poluentes atmosféricos. O presente capítulo apresenta os aspectos de conceção e modelização das microcavidades para otimizar o seu desempenho no controlo da poluição, além de descrever brevemente as suas caraterísticas importantes. O impacto útil dos revestimentos dieléctricos multicamadas em ambos os lados da camada espaçadora pela técnica de pulverização catódica de feixe duplo de iões para reduzir as perdas e aumentar a eficiência das microcavidades foi salientado. Foi também feita uma análise das figuras de mérito do ponto de vista da sua otimização para uma aplicação específica como o controlo da poluição. Espera-se que este capítulo seja muito útil para os investigadores e os projectistas neste domínio tão importante da sustentabilidade no mundo moderno.

Capítulo 2

Biopolímeros para soluções de sustentabilidade

Este capítulo apresenta uma nota técnica sobre Biopolímeros de Energias Renováveis como Soluções de Sustentabilidade. Os efeitos dos biopolímeros em aplicações de armazenamento de energia foram discutidos, juntamente com os materiais adequados para este fim. Os BPs à base de acetato de celulose (CA), amido e quitosano (CS) têm sido utilizados em muitas investigações sobre baterias, supercapacitores (SC) e condensadores eléctricos de dupla camada (EDLC), sob a forma de utilização de BPs em aplicações de armazenamento de energia. As misturas e os compósitos de biopolímeros também foram brevemente descritos. Os biopolímeros têm o potencial de contribuir para reduzir o impacto ambiental e promover um futuro mais sustentável. Finalmente, o seu papel na produção de um material sustentável para aplicações alimentares e médicas foi discutido em grande pormenor. O documento deverá ser de grande utilidade para os investigadores em início de carreira que se dedicam a este importante domínio em evolução

Capítulo 3

Nanozimas - Usos e aplicações e seu desenvolvimento

As nanozimas são apenas nanomateriais com propriedades semelhantes às das enzimas e são consideradas como enzimas artificiais da próxima geração. Possuem várias actividades, como actividades semelhantes à peroxidase, à oxidase, à catalase, à superóxido dismutase, à hidrolase e à imitação de múltiplas enzimas. O desenvolvimento de nanozimas e as suas várias utilizações e aplicações importantes é um tema quente e em evolução nos últimos anos. Foram revistas as aplicações emergentes de nanozimas na análise ambiental. A ênfase foi colocada nas estratégias baseadas em nanozimas para a deteção de poluentes típicos. Foram discutidas as tendências modernas para as nanozimas na futura monitorização ambiental. Como uma combinação capaz de mostrar tanto as caraterísticas catalíticas das enzimas como as caraterísticas dos materiais à escala nanométrica, verificou-se que as nanoenzimas estão a evoluir rapidamente. Em comparação com as enzimas naturais, as nanozimas têm uma melhor estabilidade e podem ser produzidas em massa de forma conveniente e também a um custo inferior. Além disso, e mais importante ainda, as suas propriedades podem ser facilmente concebidas e adaptadas a várias necessidades. Devido a estas vantagens e méritos, têm encontrado aplicações extensivas na deteção, biomedicina e tratamento ambiental. Este capítulo apresenta um resumo abrangente sobre a utilização emergente de nanozimas na análise ambiental, com destaque para os princípios e estratégias baseados em nanozimas explorados para a deteção de iões tóxicos, pesticidas, poluentes fenólicos, resíduos de antibióticos e agentes patogénicos. São também discutidas as suas potencialidades e tendências na futura monitorização ambiental. O capítulo deverá ser útil para os investigadores e engenheiros de conceção envolvidos neste domínio em rápida evolução, para escolherem o subtópico da sua investigação e também para desenvolverem os dispositivos que utilizam nanozimas.

Capítulo 4

Nanomateriais para aplicações biomédicas,

Neste capítulo são discutidos e analisados os Avanços Recentes em Nanomateriais, sendo explicados os aspectos de conceção e modelação dos polímeros nanoestruturados e dos nanocompósitos poliméricos, para além de uma breve descrição das suas caraterísticas gerais. Esta apresentação discute em pormenor as tendências recentes na tribologia de polímeros, compósitos de polímeros e nanocompósitos de polímeros, uma vez que estes possuem certas propriedades inalcançáveis com materiais tradicionais. São apresentados materiais comerciais importantes utilizados. Foram delineadas algumas propriedades e aplicações únicas dos nanocompósitos de polímeros, da tecnologia de fotões e dos hidrogéis. As imagens SEM dos nanopreenchimentos utilizados nos nanocompósitos de polímeros epoxídicos: a CNTs; b GNPs; c BNNSs; e d BNNTs, foram discutidas para dar uma ideia aos projectistas. A membrana nano-compósita polimérica contendo nanopartículas de sílica MCM-41 para purificação de água foi explicada para benefício dos engenheiros envolvidos no fabrico dos sistemas. Os padrões de XRD (a) e a isotérmica de adsorção/dessorção de N 2 e a distribuição do tamanho dos poros (b) das NPs, disponíveis na literatura, foram discutidos para dar uma ideia aos investigadores que estão a fazer trabalho experimental neste tópico. Imagens microscópicas de nanoenchimentos: (a) imagem SEM e (b) imagem TEM de MCM-41NPs porosas; e (c) imagem TEM de NPs de sílica esféricas não porosas também foram discutidas para dar uma ideia aos investigadores. A análise matemática da polimerização de dois fotões para armazenamento de energia foi feita para a otimização dos sistemas pelos projectistas. Tendo em conta a importância dos nanocompósitos de polímeros, da tecnologia de dois fotões e dos hidrogéis para o armazenamento de energia, a sua estrutura, modelação matemática e caraterísticas foram discutidas, de modo a obter os melhores resultados na utilização destes materiais para dispositivos de armazenamento de energia. A utilização da polimerização de dois fotões foi discutida tecnicamente, juntamente com a sua análise matemática e aplicações à fotónica. Foram discutidas em pormenor algumas explicações sobre a síntese e os resultados experimentais de hidrogéis à base de celulose, tal como são referidos na literatura. A sua utilidade na deteção de doenças foi também brevemente discutida. Alguns componentes relacionados foram analisados de forma crítica. Este artigo deverá ser útil para os investigadores e tecnólogos neste domínio em rápida evolução.

Capítulo 5

Biopolímeros e compósitos verdes

Este capítulo apresenta os avanços recentes em biopolímeros e compósitos verdes com ênfase nas aplicações de investigação. O documento apresenta conceitos gerais e descreve algumas utilizações importantes. Aplicações importantes de polímeros naturais e sintéticos em diferentes tipos de películas, membranas, nanocompósitos, materiais porosos e hidrogéis com grupos funcionais como hidroxilo, amina, carboxilo e amida, que se revelaram muito úteis para muitas aplicações, incluindo o controlo da poluição. A aplicação destes materiais para energia limpa e armazenamento de energia foi enfatizada. Este documento deve ser de imensa importância para os cientistas e investigadores em início de carreira que se dedicam a este importante domínio em evolução dos polímeros biogradáveis no armazenamento de energia.

Capítulo 6

Junções Magnéticas de Tunelamento e suas Aplicações em Dispositivos Spintrónicos

A spintrónica é um campo em evolução recente, que se baseia no spin dos electrões para o fluxo de corrente, e não no movimento dos electrões, como é o caso da eletrónica. A junção magnética de tunelamento (MTJ) é uma estrutura de película fina multicamadas, fabricada pela colocação de um isolador entre um ferromagneto duro interno e um ferromagneto mole externo, e esta junção desempenha um papel muito importante no fabrico de dispositivos spintrónicos. É óbvio que a corrente de tunelamento depende da orientação relativa das magnetizações das duas camadas ferromagnéticas, e pode ser facilmente alterada por um campo magnético aplicado. Este fenómeno é assim diretamente baseada no tunelamento dependente do spin, e é designada por magnetorresistência de tunelamento (TMR). O objetivo deste capítulo é discutir o significado do MTJ e da magnetorresistência de tunelamento (TMR) na conceção de alguns dos dispositivos spintrónicos. Este artigo deverá ser de grande utilidade para os investigadores e projectistas de dispositivos neste domínio em rápida evolução.

Agradecimentos

O autor está grato à Organização de Investigação e Desenvolvimento da Defesa, em geral, e ao Centro de Ciência e Tecnologia Laser, em Deli, em particular, por terem proporcionado uma oportunidade de trabalhar durante muitos anos com vários cientistas que trabalham em tópicos de Lasers, Ótica Moderna e Optoelectrónica. Agradecemos também ao Grupo de Ótica Aplicada do Instituto Indiano de Tecnologia, Deli, onde o autor teve uma excelente exposição ao tema durante o período de cerca de cinco anos em que trabalhou como investigador no grupo. Os agradecimentos são devidos ao Dr. Rambabu Kammili, ex-diretor do RCI, Hyderabad, por ter dado a oportunidade de dar palestras convidadas e participar em reuniões de revisão sobre o tema dos sistemas laser, proporcionando assim a oportunidade de interagir com os cientistas dos laboratórios DRDO de Hyderabad e também com académicos do Instituto Indiano de Ciência, Bangalore, cujas discussões ajudaram a aperfeiçoar as minhas ideias apresentadas neste livro. O autor está grato ao antigo Prof. Vipin Kumar Tripathi, do Departamento de Física do Instituto Indiano de Tecnologia, Deli, pelas várias discussões, sugestões e encorajamento durante a redação deste livro, que ajudaram não só a melhorar significativamente o conteúdo, mas também a apresentação e a legibilidade do livro. O autor agradece a Shri Hari Babu, Professor, Instituto Indiano de Tecnologia, Deli, e Antigo Cientista Distinto e Diretor Geral (Desenvolvimento Tecnológico), DRDO, e a Shri G Krishna Rao, Antigo Diretor, Academia de Investigação de Instrumentos Electro-ópticos (ELOIRA), Hyderabad, pelas discussões úteis, sugestões e encorajamento durante a finalização deste livro. Por último, agradecemos ao Dr. Nand Kishore, Presidente, e ao Dr. M L Goyal, Vice-Presidente (Académico), do Maharaja Agrasen Institute of Technology, pelo incentivo à redação deste livro.

Prefácio

É com grande prazer que afirmo que o Dr. Kamal Nain Chopra fez um esforço tremendo e louvável ao escrever este livro sobre "Ciência dos Materiais - Novos Conceitos e Aplicações", um tópico sobre o qual a disponibilidade de literatura, especialmente num único local, é muito necessária para os cientistas em particular, e para os investigadores e académicos em geral. Na prática, todos os tópicos de investigação importantes sobre o assunto, incluindo a química analítica para monitorizar os poluentes no ambiente, os biopolímeros para soluções de sustentabilidade, as nanozimas - utilizações e aplicações e o seu desenvolvimento, os nanomateriais para aplicações biomédicas, os biopolímeros e os compósitos verdes e as junções magnéticas de túnel e as suas aplicações em dispositivos spintrónicos, juntamente com os dispositivos com eles relacionados, foram brevemente discutidos neste livro, tornando-o assim muito útil para a comunidade científica, tanto na Índia como no estrangeiro. A literatura mostra claramente que, antes disso, não parece ter sido feita nenhuma tentativa séria de apresentar os diferentes aspectos do assunto do ponto de vista da investigação, num único local e, portanto, espera-se que este esforço colmate as lacunas entre os vários tipos de trabalhos de investigação e a literatura sobre o assunto em diferentes locais. O livro deve ser especialmente útil para os projectistas e engenheiros, uma vez que os aspectos de conceção para a otimização da eficiência foram apresentados e discutidos. Além disso, espera-se que o livro seja de grande interesse e utilidade para os investigadores e cientistas em início de carreira neste domínio, uma vez que fornece um grande número de resultados teóricos e experimentais disponíveis na literatura, para que tenham uma compreensão clara do assunto e também para escolherem a direção a seguir para realizarem investigação neste domínio fascinante. É meu sincero desejo que este livro sirva os investigadores para aumentar os seus conhecimentos sobre o tema, e também o seu interesse em fazer esforços mais concentrados na realização de investigação neste domínio em rápida evolução.

Hari Babu, Professor, Instituto Indiano de Tecnologia, Deli, e Antigo Cientista Distinto e Diretor-Geral (Desenvolvimento Tecnológico, DRDO, Índia).

Sobre o autor

(Breve CV do Dr. Kamal Nain Chopra)

O Dr. Kamal Nain Chopra é licenciado (Universidade de Deli), mestre (Física - IIT, Deli), mestre em tecnologia (Opto-Eletrónica - IIT, Deli) e doutor (Física Aplicada - IIT, Deli). (Opto-Eletrónica - IIT, Deli) e Ph.D. (Física Aplicada - IIT, Deli). Prestou serviço no DRDO durante 33 anos e deixou o cargo de Cientista G do Centro de Ciência e Tecnologia Laser (LASTEC), Deli, em 2005. Posteriormente, trabalhou também como Professor (Física) no NSIT (DU) e no MAIT (GGSIPU), e como Cientista de Projeto no IIT, Deli, em vários projectos, em tópicos como a fotónica, películas finas e ensaios ópticos.

Tem cerca de 450 publicações, incluindo cerca de 390 em revistas internacionais revistas por pares (Reino Unido, EUA, França, Alemanha, Itália, Países Baixos e China; incluindo J.Opt.Soc. Am., APPLIED OPTICS, OPTICA ACTA, Nouvelle Revue d'Optique Appliquee, OPTIK, THIN SOLID FILMS, e CHINESE JOURNAL OF PHYSICS, sobre vários tópicos, incluindo Ótica de Películas Finas, Lasers e Componentes de Laser, Holografia e Ótica Moderna; 15 palestras convidadas; 15 relatórios técnicos; e 30 artigos em Actas de Conferências Internacionais (por exemplo, Taylor and Francis, Reino Unido; e Scientific Net, Suíça).

O Dr. Kamal Nain Chopra é coautor de uma monografia intitulada "Thin Films and their Applications in Military and Civil Sectors", DESIDOC, DRDO, Ministério da Defesa, ÍNDIA, 2010. É autor de uma monografia intitulada "Unconventional Lasers: Design and Technical Analysis", DESIDOC, DRDO, Ministério da Defesa, ÍNDIA, 2017. É também autor de um livro intitulado "Conventional and Unconventional Sources of Renewable Energy: Renewable Energy Sources", Lambert Academic Publishing, LAP, ALEMANHA, 2017. Além disso, é autor de uma monografia intitulada "Spintronics Theoretical Analysis and Designing of Devices Based on Giant Magnetoresistance", DESIDOC, DRDO, Ministério da Defesa, ÍNDIA, 2019. O seu livro recente intitulado "Optoelectronic Gyroscopes and Applications" foi publicado pela SPRINGER NATURE no ano de 2021. É autor de um livro intitulado "Novel Emerging Techniques of Business Management", Lambert Academic Publishing, LAP, ALEMANHA, 2021. É autor de outro livro intitulado "Optoelectronic Instrumentation for Research in Oceanography", Lambert Academic Publishing, LAP, GERMANY, 2021. Recentemente, publicou uma monografia intitulada "Infrared Signatures, Sensors and Technologies", DESIDOC, DRDO, Ministério da Defesa, ÍNDIA, 2023.

Efectuou visitas a universidades e indústrias estrangeiras, incluindo (i) Escola de Revestimentos de Película Fina, Departamento de Física, Universidade de São

Jerónimo, Marselha, FRANÇA [5 meses (1984-85)]; (ii) Departamento de Física, Universidade de Innsbruck, Innsbruck, ÁUSTRIA , incluindo 5 dias em M/s. Balzers, Liechtenstein, SUÍÇA [10 dias (1995)]; e (iii) M/s. Elettrorava, Torino, ITÁLIA [15 dias (2000)].

Tem uma vasta experiência de serviço nos Conselhos de Recrutamento e Avaliação do DRDO (RAC e CEPTAM), como presidente e membro do Conselho de Peritos. É revisor e membro do conselho editorial de algumas das principais revistas internacionais. As suas áreas de especialização são a optoelectrónica, lasers não convencionais, giroscópios ópticos, conceção, fabrico e caraterização de películas finas através de técnicas modernas e técnicas de ensaio ótico especializado.

Sobre o livro

De um modo geral, os autores de livros científicos e técnicos recolhem o material disperso na literatura, especialmente nos artigos de investigação, e combinam-no com os seus conhecimentos teóricos e experimentais e com a sua experiência pessoal, tentando apresentá-lo de uma forma coesa e facilmente legível e compreensível, para permitir ao leitor escolher a direção a seguir, uma vez decidido o tópico da sua investigação. A presente tentativa dos autores é familiarizar o leitor com vários estudos teóricos e experimentais de vários tópicos de interesse em "Ciência dos Materiais - Novos Conceitos e Aplicações", e ainda permitir-lhe escolher o tópico de investigação com base no seu interesse e compreensão. A escolha dos tópicos foi feita pelo autor com base na sua formação teórica e experimental e em várias interações com cientistas e académicos, enquanto trabalhava em laboratórios DRDO (como LASTEC, IRDE e GTRE), IIT, Delhi, e laboratórios estrangeiros em França, Áustria, Suíça e Itália. Vários temas importantes, incluindo a química analítica para a monitorização de poluentes no ambiente, biopolímeros para soluções de sustentabilidade, nanozimas - usos e aplicações e seu desenvolvimento, nanomateriais para aplicações biomédicas, biopolímeros e compósitos verdes, e junções magnéticas de túnel e suas aplicações em dispositivos spintrónicos. Espera-se que o livro seja bastante útil para os estudantes, investigadores e tecnólogos que se dedicam a este fascinante domínio da "Ciência dos Materiais - Novos Conceitos e Aplicações", utilizando lasers e outros dispositivos relacionados.

Capítulo 1

Química analítica para o controlo dos poluentes no ambiente

1 Papel da química analítica no controlo da poluição

O papel tradicional da química analítica nas ciências do ambiente consiste em monitorizar a poluição do ar, da água e dos alimentos, juntamente com as técnicas adequadas que definem o controlo legal da poluição. Os engenheiros químicos empenham-se em reduzir as emissões dos transportes de várias formas, incluindo o desenvolvimento de combustíveis mais limpos (combustíveis com baixo teor de enxofre) e o aumento da eficiência dos motores. Muitos desenvolvimentos significativos registados recentemente nos domínios da agricultura, da energia e da saúde contribuíram para o bem-estar humano. No entanto, algumas destas melhorias resultaram em alterações no ambiente que nos rodeia. Uma vez que o nosso ambiente é um sistema muito complexo, que inclui o ar que respiramos, a terra em que vivemos, a água que bebemos e o clima que nos rodeia, é essencial que trabalhemos para garantir que os nossos desenvolvimentos em algumas áreas não afectem negativamente o nosso ambiente, assegurando simultaneamente a atenuação de quaisquer danos que tenham ocorrido. Uma observação realmente preocupante feita por alguns investigadores é que a nossa Terra já atingiu um ponto de viragem, que poderá em breve conduzir a alterações ambientais não lineares e abruptas à escala continental e planetária. Os objectivos de desenvolvimento sustentável das Nações Unidas, que incluem apelos universais à ação para proteger a vida na terra e na água, produzir água potável e combater as alterações climáticas, são um passo sério nesta direção. Além disso, o Plano de Ação Ambiental da UE inclui nove objectivos prioritários que visam assegurar que vivemos bem, dentro dos limites ecológicos do planeta. Ao tentarmos lutar por um mundo melhor, trabalhamos para garantir que os contributos da química se concretizam. A química pode ser útil para compreendermos, monitorizarmos, protegermos e, assim, melhorarmos o ambiente que nos rodeia. Os tecnólogos químicos estão a desenvolver ferramentas e técnicas para assegurar que podemos ver e medir a poluição do ar e da água, e ajudaram a construir as provas que mostram como o nosso clima mudou ao longo do tempo. Desta forma, podem fazer parte do esforço para compreender e resolver novos problemas que enfrentamos, como os microplásticos e os potenciais efeitos dos diferentes produtos químicos a que estamos expostos no mundo moderno. Os engenheiros químicos e os cientistas têm um papel importante a desempenhar na redução da poluição atmosférica de muitas formas normais e inesperadas, bem como em ajudar-nos a compreendê-la e a monitorizá-la. A Organização Mundial de Saúde e a Organização para a Cooperação e Desenvolvimento Económico estudaram e comunicaram dados sobre o efeito da má qualidade do ar ambiente na vida humana, atualmente e também nas próximas 2-3 décadas, e concluíram que este efeito pode ser tremendamente reduzido através da melhoria da qualidade de vida. Além disso, um ar mais limpo também ajudará a proteger o ambiente e a preservar os sítios do património cultural. Poluentes como o dióxido de enxofre e os óxidos de azoto podem formar chuvas ácidas, que poluem o solo e a água e danificam edifícios históricos importantes. Alguns outros poluentes, como o ozono troposférico, afectam a vegetação e, por conseguinte, conduzem à redução dos rendimentos agrícolas.

A poluição atmosférica é uma preocupação séria para todo o mundo, uma vez que os poluentes podem ser transportados a longas distâncias através dos países. Esta é a razão pela qual os cientistas e engenheiros de todo o mundo estão concentrados em resolver este problema, pelo que o papel da química é vital para compreender a poluição atmosférica e desenvolver soluções para a reduzir.

1.1 Química da poluição atmosférica

O ar é uma mistura de vários gases e partículas, alguns dos quais são reactivos e sofrem reacções químicas complexas na atmosfera para formar poluentes atmosféricos como o ozono. Alguns poluentes atmosféricos são emitidos diretamente, por exemplo, o dióxido de enxofre. Os poluentes atmosféricos podem apresentar-se em diferentes estados - sólido, líquido ou gasoso - e provêm de fontes naturais e artificiais; atualmente, os maiores contribuintes para a poluição atmosférica são as centrais eléctricas, os transportes rodoviários, a indústria e a queima doméstica de combustíveis.

Uma compreensão completa dos poluentes e da sua química é de importância vital para a interpretação dos efeitos na saúde, a regulação das emissões e o desenvolvimento de tecnologias de redução da poluição. Um passo dado nesta direção é o facto de os químicos terem criado um Mecanismo Químico Mestre que descreve as reacções químicas envolvidas na degradação de materiais orgânicos na baixa atmosfera, o que ajuda os decisores políticos a testar a eficácia de uma proposta de regulamentação ou legislação. Além disso, os químicos identificaram as árvores como a fonte de níveis elevados de poluentes orgânicos durante a ocorrência de vagas de calor. Estas medidas melhoraram as previsões da qualidade do ar fornecidas ao público no Reino Unido, tendo em conta as emissões naturais do ambiente.

1.2 Controlo da poluição atmosférica

As medições exactas dos poluentes são vitais para garantir que seguimos e cumprimos rigorosamente as diretivas nacionais e internacionais relativas à qualidade do ar. Além disso, estas medições podem ajudar-nos a compreender as correlações entre os problemas de saúde e a poluição atmosférica, como a relação entre os diferentes tipos de partículas e os problemas cardiovasculares com que a humanidade se debate habitualmente.

O Reino Unido tem cerca de 350 locais de monitorização da qualidade do ar para medir diferentes tipos de poluentes, incluindo ozono, óxidos de azoto, dióxido de enxofre, monóxido de carbono e partículas. Um local importante é adjacente a uma estrada movimentada no centro de Cambridge, que mede a concentração de óxidos de azoto do tráfego em tempo real utilizando a quimioluminescência. O resultado de tal medição é apresentado graficamente na literatura e foi reproduzido na Fig.1. É importante notar que o Reino Unido e a UE estabeleceram um objetivo de qualidade do ar para o dióxido de azoto, que é uma média anual de 40 microgramas por metro cúbico, e a concentração horária não deve exceder 200 microgramas por metro cúbico mais de 18 vezes por ano.

Concentração de dióxido de azoto em Cambridge durante a primeira semana de fevereiro de 2015

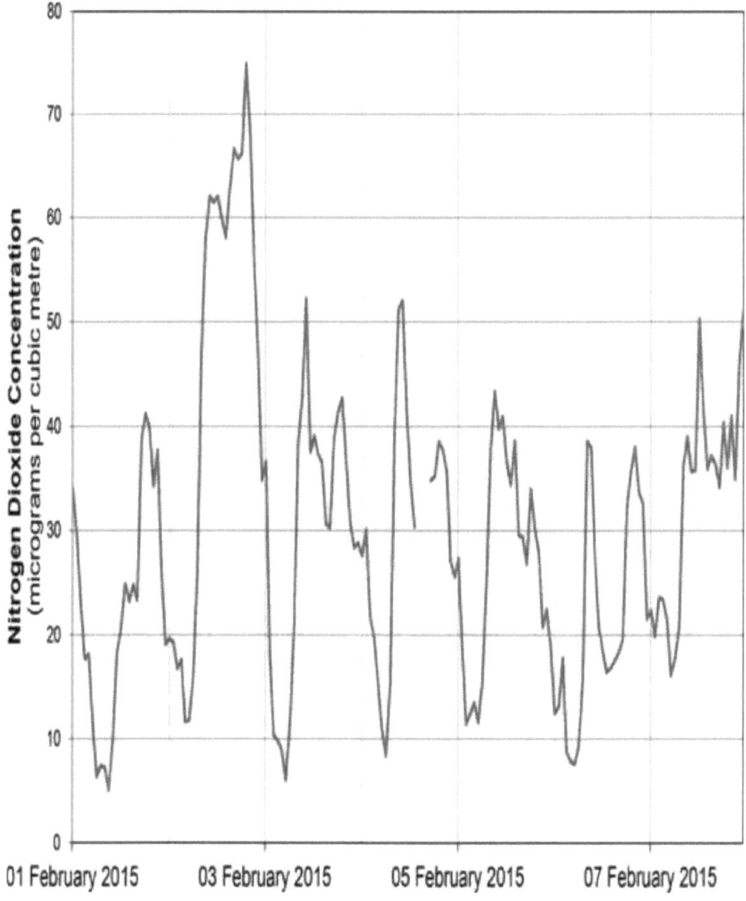

Fig.1 Concentrações de dióxido de azoto em Cambridge, Reino Unido, durante a primeira semana de fevereiro de 2015. Figura cortesia da Royal Society of Chemistry 2015.

É evidente que as variações são muito aleatórias, o que coloca um sério problema aos cientistas que estudam este fenómeno.

2 Luta contra a poluição atmosférica

A luta contra a poluição atmosférica é uma combinação de muitas abordagens, incluindo a regulamentação, o planeamento da utilização dos solos, as soluções tecnológicas, incluindo a conceção dos motores dos veículos, e o comportamento dos consumidores. A química desempenha um papel importante no desenvolvimento de soluções tecnológicas. Os químicos estão agora a concentrar-se (i) na diminuição das emissões dos transportes de várias formas, desde o desenvolvimento de combustíveis mais limpos, como os combustíveis com baixo teor de enxofre, até ao aumento da eficiência dos motores, e (ii) no trabalho para permitir novas tecnologias de transporte, por exemplo, baterias para veículos eléctricos e células de combustível para veículos a hidrogénio, bem como sistemas para produzir combustíveis a partir de fontes de energia renováveis em vez de combustíveis fósseis. As emissões poluentes também podem ser controladas através da instalação de dispositivos de controlo da poluição no escape do veículo, por exemplo, a maioria dos motores a gasolina tem conversores catalíticos de três vias para reduzir o monóxido de carbono, os hidrocarbonetos não queimados e os óxidos de azoto do escape. Neste sistema, os catalisadores de platina ou paládio oxidam o monóxido de carbono e os hidrocarbonetos para produzir dióxido de carbono e água, enquanto os catalisadores de ródio reduzem os óxidos de azoto para produzir azoto e oxigénio. Os químicos, cientistas de materiais e engenheiros desenvolvem e melhoram os catalisadores, absorventes e filtros de partículas, que reduzem significativamente as emissões poluentes para melhorar o ambiente circundante.

3 Aplicações da química analítica no nosso ambiente

A química analítica é utilizada para monitorizar vários poluentes no ambiente, incluindo metais pesados, pesticidas e compostos orgânicos, que podem ter efeitos nocivos na saúde humana e no ecossistema.

Em 2015, as nações de todo o mundo desenvolveram um novo acordo internacional sobre alterações climáticas em Paris. Na Conferência, os membros apoiaram a comunidade das ciências químicas para discutir e contribuir para a nossa compreensão das alterações climáticas. Vale a pena notar que a Royal Society of Chemistry e a Institution of Chemical Engineers estão empenhadas em apoiar a comunidade das ciências químicas nos seus contributos para a luta contra as alterações climáticas. O Reino Unido deu alguns passos importantes neste sentido, por exemplo, o comunicado científico do Reino Unido sobre as alterações climáticas é uma das 24 sociedades profissionais e científicas do Reino Unido que subscreveram um comunicado sobre as alterações climáticas apelando à ação do governo. Estas organizações representam uma gama diversificada de conhecimentos especializados nos domínios das ciências, das ciências sociais, das artes, das humanidades, da medicina e da engenharia, para analisar os vários aspectos relacionados com a ciência ambiental e as alterações climáticas. A maioria dos cientistas neste domínio é de opinião que as provas científicas indicam que a atividade humana é a causa predominante das alterações climáticas recentes, uma vez que o aumento das emissões de dióxido de carbono e de outros gases com efeito de estufa desde a revolução industrial é a principal causa do aquecimento global observado. Além disso, as variações regionais e anuais são esperadas nos sistemas climáticos, embora as provas demonstrem que o aquecimento registado durante o último meio século não pode ser explicado por causas naturais. É importante notar que o dióxido de carbono se encontra atualmente a níveis muito mais elevados do que em qualquer outro momento nos últimos 8 mil anos, e espera-se que a continuação das emissões conduza a um novo aquecimento global significativo. Além disso, a velocidade do aquecimento será consideravelmente mais rápida do que durante as alterações climáticas naturais registadas no passado, tornando assim a adaptação muito mais difícil. Prevê-se que as futuras alterações climáticas provoquem mudanças na temperatura e na precipitação a nível regional e aumentem a frequência das vagas de calor, da precipitação intensa e de alguns outros tipos de fenómenos meteorológicos extremos, o que terá um efeito adverso grave no bem-estar humano e no mundo natural. Os passos e as escolhas que os cientistas ambientais fizerem agora terão consequências muito benéficas. Para isso, a comunidade científica e as agências centrais precisam de desenvolver estratégias de mitigação e adaptação para enfrentar os desafios que as alterações climáticas colocam, incluindo o desenvolvimento e a implantação de tecnologias com baixas emissões de carbono, a melhoria da eficiência energética e a mudança de comportamentos para permitir um desenvolvimento sustentável. Reconhece-se agora que as ciências químicas nos ajudam a compreender, atenuar e adaptar às alterações climáticas; e, por conseguinte, as melhores provas baseadas na melhor ciência são essenciais para informar as decisões políticas corretas em todas estas três frentes. Isto levou os químicos e os engenheiros químicos a contribuir de muitas formas, por exemplo, melhorando a nossa compreensão da química da atmosfera e dos oceanos, investigando as consequências das alterações climáticas, desenvolvendo novas soluções energéticas e de atenuação do carbono e ajudando as culturas a tolerar as condições em mudança.

Wade e Bailey (2) discutiram as aplicações dos ressonadores de microcavidades ópticas na química analítica. Segundo a sua descrição, os sensores de ressonador ótico são uma classe emergente de tecnologias analíticas que utilizam a recirculação de luz confinada numa microcavidade para medir com sensibilidade o ambiente circundante. Com os avanços na microfabricação, estes dispositivos podem ser configurados para uma grande variedade de aplicações de deteção química ou biomolecular. Foi feita uma revisão do funcionamento do sensor de ressonador ótico, seguida de discussões sobre a conceção do sensor, incluindo diferentes geometrias, escolhas de sistemas de materiais, métodos de interrogação do sensor e novas abordagens ao funcionamento do sensor. Foi explicado que os principais desenvolvimentos recentes, incluindo os avanços na biossensorização e outras aplicações de sensores ópticos, estão a tornar-se cada vez mais populares. Estão também a ser utilizados mecanismos de deteção alternativos e dispositivos de deteção híbridos para análises mais sensíveis e rápidas. Stanley (3) descreveu em pormenor que a química ambiental se desenvolveu em resposta a problemas e preocupações relacionados com a poluição ambiental. Os EUA apresentaram recentemente um Overview (4) of Nitrogen Dioxide (NO2) Air Quality in the United States, sendo o objetivo geral deste documento manter um resumo gráfico atualizado da informação sobre a qualidade do ar que apoia a revisão das Normas Nacionais de Qualidade do Ar Ambiente (NAAQS) para os óxidos de azoto, designadas por NAAQS de dióxido de azoto (NO2). Enquanto que, nas revisões anteriores das NAAQS NO2, este tipo de informação tinha sido geralmente incluído nas secções atmosféricas da Avaliação Científica Integrada (ISA) e da Avaliação Política (PA) para os óxidos de azoto, este documento autónomo destina-se a substituir ou a complementar as emissões de qualidade do ar e os dados de monitorização nas secções atmosféricas dos futuros documentos de apoio à revisão das NAAQS NO2 e será atualizado regularmente à medida que forem sendo disponibilizados novos dados.

4 Microcavidades ópticas

As microcavidades ópticas são componentes ópticos para confinar a luz a pequenos volumes, que se baseiam na recirculação por ressonância, e são utilizadas no fabrico de dispositivos com aplicações importantes. É importante notar que os sensores ópticos, com diversos mecanismos de transdução ótica, estruturas bem concebidas e uma gama de plataformas de materiais, se revelaram meios eficientes para detetar com precisão alterações ambientais subtis, compreender processos moleculares dinâmicos; e a sua elevada precisão, resposta rápida, estabilidade inerente, versatilidade e biocompatibilidade tornam os sensores ópticos inestimáveis para aplicações em deteção bioquímica, monitorização ambiental, diagnóstico clínico, produção industrial e investigação farmacêutica. A sua importância pode ser avaliada pelo facto de muitos tipos de microcavidades feitas de materiais semicondutores III-V activos serem utilizados para (i) controlar os espectros de emissão laser para permitir a transmissão de dados a longa distância através das fibras ópticas; (iii) persuadir átomos ou pontos quânticos a emitir fotões espontâneos numa direção desejada, quando utilizados em dispositivos ópticos quânticos, e (iv) proporcionar um ambiente em que os mecanismos dissipativos como a emissão espontânea sejam ultrapassados, o que torna possível o emaranhamento quântico da radiação e da matéria. Estes dispositivos possuem uma série de propriedades geométricas e de ressonância, que são especialmente úteis em determinadas aplicações adequadas. O tipo mais simples de microcavidade ótica é uma estrutura formada por faces reflectoras nos dois lados de uma camada espaçadora e, como o nome indica, tem apenas alguns micrómetros de espessura, sendo a camada espaçadora, por vezes, até ~ alguns nanómetros. Estes formam uma cavidade ótica e permitem a formação de uma onda estacionária no interior da camada espaçadora, tal como se observa normalmente nos lasers comuns. É importante notar que, teoricamente, apenas um comprimento de onda, chamado modo de cavidade, é transmitido e forma-se como uma onda estacionária no interior do ressoador. A banda de paragem é formada no espetro de transmissão da microcavidade, sendo reflectida uma longa gama de comprimentos de onda e transmitida uma única, cuja formação depende do tipo e da qualidade dos espelhos. Deve entender-se claramente que a diferença fundamental de uma microcavidade em relação à cavidade ótica convencional resulta dos efeitos devidos às suas pequenas dimensões, que permitem observar os efeitos quânticos do campo eletromagnético da luz, por exemplo, a alteração da taxa de emissão espontânea e o comportamento dos átomos. As microcavidades podem ser fabricadas por vários métodos, mas o método mais eficaz e mais utilizado consiste em revestir camadas alternadas de dois materiais dieléctricos de diferentes índices de refração em ambos os lados da camada espaçadora, quer por evaporação quer por pulverização catódica. A evaporação por feixe de electrões e a pulverização catódica por feixe duplo de iões são as técnicas mais adequadas nos dois casos.

5 Parâmetros das microcavidades ópticas

Os três parâmetros - fator de qualidade Q, finura F e volume de modo V - são as três principais caraterísticas das microcavidades, que são definidas com base nestes parâmetros. Existem muitos tipos de microcavidades, que podem ser classificados principalmente em dois tipos de categorias - (i) Alto Q , que são de três tipos - (a) Fabry-Perot com Q = 2000 e V = 5(X/n)3: (b) Whispering Gallery com Q = 12 000 e V = 6(X/n)3; e (c) Cristal Fotónico com Q = 13 000 e V = 1.2(X/n)3; e (ii) Ultrahigh Q , que são de dois tipos (a) Fabry - Perot com F = 4.8x10^A 5, e V = 1.690^m3; e (b) Whispering Gallery com F = 8x10^A 9, e V = 3.000^m3.

- O etalon de fabry-perot é a cavidade mais simples, na qual o raio incidente é refractado através do etalon de índice de refração n e espessura t, no ângulo 0, e produz principalmente dois raios reflectidos e dois raios transmitidos. Para além de Q e F, outro parâmetro importante na modelização e conceção das microcavidades é a gama espetral livre Dl (a diferença de comprimento de onda entre as duas franjas consecutivas) e a meia largura a meio máximo (HWHM) 5l,. Tanto os resultados experimentais como as equações matemáticas teóricas mostram que um aumento do fator de finura conduz a uma redução acentuada de 8l, o que implica franjas mais nítidas e, por conseguinte, uma maior resolução.

- Foi referido que foram desenvolvidas microcavidades sintonizáveis de acesso aberto com volumes de modo de femtolitro (10^{-15} litro) e factores de qualidade superiores a 10, que permitem controlar com precisão o alinhamento com um nanoobjecto para o estudo pormenorizado das propriedades variáveis. Foi também salientado que, através do fabrico de grandes conjuntos de microcavidades, podem ser desenvolvidas técnicas de deteção de elevado rendimento para as ciências químicas e biológicas. A curva transmissão vs comprimento de onda na região ótica está disponível na literatura e foi reproduzida abaixo:

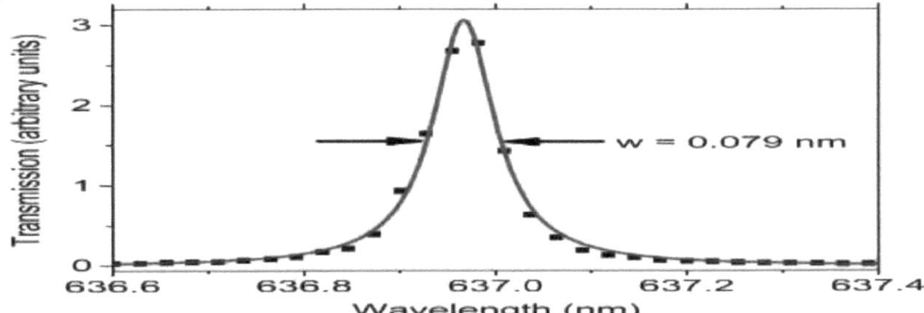

Fig.2 Curva de transmissão (unidades arbitrárias) versus comprimento de onda na região do visível; Figura cortesia de www- png.materials.ox.ac.uk

A figura mostra claramente que o pico de transmissão, que aparece a ~ 637 nm, é muito nítido, com uma FWHM de ~ 0,079 nm, e esta caraterística ajuda a controlar com precisão o alinhamento com um nanoobjecto para o estudo detalhado das propriedades variáveis.

A geração de luz de frequência única a partir da banda L até 2,5 цт foi demonstrada, e os resultados disponíveis na literatura, foram reproduzidos abaixo:

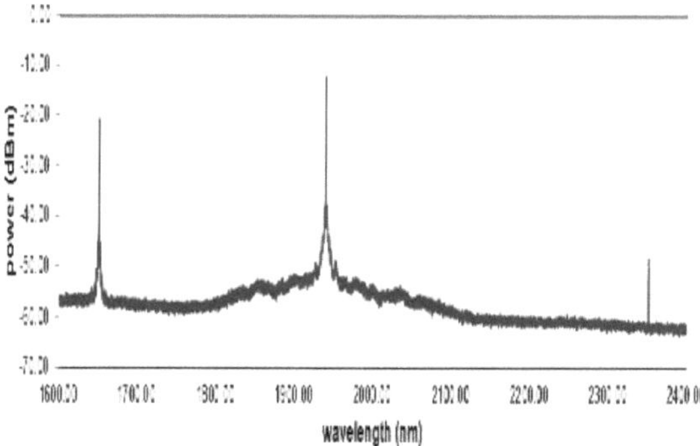

Fig. 3 Espectro que mostra a conversão do comprimento de onda em banda larga utilizando um guia de ondas de silício com dispersão zero a 1940 nm; Figura cortesia www.picoluz.com

O espetro mostra um exemplo de conversão de comprimento de onda em banda larga utilizando uma guia de ondas de silício com dispersão zero a 1940 nm. É de notar que, para além das guias de onda ópticas rectas, existem outras geometrias que podem reforçar os efeitos não lineares e criar novas capacidades de geração de luz. De facto, as microcavidades ópticas de Q elevado permitem um aumento da ressonância do efeito não linear nos materiais.

O desenvolvimento de guias de onda nanofotónicos de silício já foi referido na literatura. As guias de onda nanofotónicas de silício têm de ser especialmente concebidas para otimizar a sua não linearidade ótica, combinando um grande coeficiente não linear com uma flexibilidade excecional para a engenharia da dispersão da guia de onda, o que permite obter uma conversão do comprimento de onda eficiente em termos de potência e de banda larga. Estes dispositivos fotónicos de silício estão agora disponíveis comercialmente, embora o seu desenvolvimento tenha sido apoiado pelos esforços de investigação da Universidade de Cornell, EUA, relativamente a vários sistemas baseados no processo de mistura de quatro ondas em nano-guias de onda de silício, incluindo fontes ópticas de infravermelhos médios e geradores de pente ótico de banda larga. Combinando as ideias de engenharia de dispersão com o reforço da luz nas geometrias de microcavidades, como os ressonadores de microanéis, foi possível obter oscilação paramétrica em dispositivos à escala de pastilha, o que levou à geração de pentes de frequência ópticos de banda larga. A mistura de quatro ondas (FWM) em guias de ondas de silício baseia-se na não linearidade de Kerr de terceira ordem ultra-rápida. A distribuição simulada do campo elétrico numa secção transversal de uma nano-guia de silício sobre isolador é obtida com base no elevado confinamento da luz, como se explica na Fig.1. Todo o processo se baseia em três factores: (i) A pequena área efectiva do modo aumenta o coeficiente não linear da guia de ondas: (ii) O confinamento dos modos permite a engenharia da dispersão do guia de ondas, de modo a que a condição essencial de concordância de fase possa ser satisfeita para a mistura de quatro ondas; e (iii) O comprimento de onda de dispersão zero ou a região de dispersão anómala podem ser concebidos de modo a situarem-se dentro da banda de comprimentos de onda desejada.

6 Modelação e otimização de microcavidades ópticas

Na modelação matemática, são analisados parâmetros como - gama espetral livre Dl, tempo de ciclo ótico, comprimento de onda do espaço livre, fator de qualidade e finesse, e a microcavidade é concebida de acordo com os requisitos do utilizador. Para obter os melhores resultados, são aplicados revestimentos dieléctricos de alta reflexão (espessura de um quarto de onda) de TiO_2 e SiO_2 em ambos os lados da camada espaçadora (espessura de meia onda). A finura e o fator de qualidade são determinados escolhendo o número de camadas e as suas espessuras de acordo com as relações bem conhecidas. Quanto maior for a refletividade, maior será a finura e, por conseguinte, maior será a resolução. Para obter valores elevados de finesse e do fator de qualidade, o número de camadas de um quarto de espessura em ambos os lados da camada espaçadora é de ~ 15, de modo a obter uma reflectância de ~ 95% no comprimento de onda desejado (2):

6.1 Gama espetral livre $\Delta\lambda$

Gama espetral livre (FSR) $\Delta\lambda$ é o espaçamento de frequência (ou comprimento de onda) entre ressonâncias adjacentes. $\Delta\lambda$ depende do comprimento da cavidade e é dado como:

$$\Delta\lambda = (\lambda 1)^2 / (2nd - \lambda 1) \quad \text{------} (1),$$

e

$$(m-1)(\lambda 2)/2 = (m-1)(\lambda 1 + \Delta\lambda)/2 = nd \quad \text{--}(2),$$

onde m é um número inteiro, n é o índice de refração e λ 1 e λ 2 são os comprimentos de onda correspondentes aos dois máximos consecutivos. O tempo t para percorrer uma distância x é:
dado por:

$$t = ko.x/\omega = (2\pi nx)/(\omega\lambda o) = (Tnx)/\lambda o \quad \text{--}(3),$$

em que T é o tempo do ciclo ótico e Xo é o comprimento de onda no espaço livre.

A gama espetral livre $\Delta\lambda$ no domínio do tempo é interpretada da seguinte forma:
Primeiro, consideramos a onda viajante na cavidade:

y = yo . e^{i (kox - ωot)} --- (4).

Considerando a frente de fase em x=0, temos kox - wot = 0. Assim, podemos escrever que

m. (λ1)/2 = n.d i.e. m = 2n.d/ λ1 --- (5),

and

$$(m - 1).\ \lambda 2 /2 = (m - 1) . \left(\frac{1}{2}\right) .(\lambda 1 + \Delta\lambda) = n .d \text{ -- (6).}$$

O tempo tRT para efetuar 1 viagem de ida e volta 2d é então:

$$tRT = T. \left(\frac{2nd}{\lambda o}\right) = T.\ \lambda o \left(\frac{2nd}{\lambda o\text{^}2}\right) = T\left(\frac{\lambda o}{\Delta\lambda}\right)$$

$$\text{i.e.} \quad \left(\frac{\Delta\lambda}{\lambda o}\right) = \left(\frac{T}{tRT}\right) \text{ --- (7).}$$

D1 T

ou seja ( ) = ( ) (7).

lo tRT onde E é o campo elétrico numa determinada posição, Γ é a constante de decaimento exponencial e u é a densidade de energia, que é dada por:

u(t) é proporcional a {(e^0.5)}^2 -- Γt)

= e ^ (- Γt) - (9).

O decaimento da densidade de energia é dado por:

$$-\left\{\frac{du\,(t)}{dt}\right\}$$ proporcional a **Γ. e ^(– Γt) -- (10).**

Com base nos termos acima definidos, o fator de qualidade em termos de armazenamento de energia pode ser definido como:

Energia armazenada

$$Q = 2\pi\left[\frac{\textbf{Stored Energy}}{\textbf{Energy lost per Optical cycle}}\right]$$

$$Q = 2\pi\left\{\frac{u(t)}{-(du(t)/dt)T}\right\} = \left(\frac{2\pi}{\Gamma T}\right) = \left(\frac{\omega o}{\Gamma}\right) \quad \text{--- (11).}$$

Energia perdida por ciclo ótico
Em alternativa, Q em termos da largura de banda de ressonância pode ser expresso como se explica a seguir:
Domínio do tempo ⇔ Frequência
No domínio do tempo, E(t) é proporcional a $\cos(\omega,t)\ e \wedge\{-(1/2)\ \Gamma(t)\}$

e
$I^{(\omega)}$ é proporcional a $|E(\omega)| \wedge 2$, que é proporcional a

$$\left[\frac{(1/2)\ \Gamma) \wedge 0.5}{\{(\omega - \omega o) \wedge 0.5 + (1/2)\ \Gamma) \wedge 0.5\ \}}\right] \quad \text{--- (12).}$$

Assim, Q também pode ser representado como:

$$Q = (\omega o/\delta\omega) = (\omega o/\Gamma) \quad \text{----- (13).}$$

A finesse F, em termos de ressonância, é definida como:

$$F = \left(\frac{\Delta\lambda}{\delta\lambda}\right) = \left(\frac{\Delta\,\omega}{\delta\omega}\right) \quad \text{----- (14),}$$

que pode ser reescrita como:

$$F = (\Delta\,\omega/\delta\omega) = (\omega o/\delta\omega).(\Delta\,\omega/\,\omega o) = Q\left(\frac{\Delta\,\omega}{\omega o}\right)$$

$$= Q\left(\frac{T}{tRT}\right) = \left[\frac{\text{Stored Energy}}{\text{Energy Lost /Round Trip}}\right] \text{--- (15).}$$

Assim, é claro a partir desta análise que F e Q são semelhantes, mas com a diferença de que o tempo de ciclo ótico T é substituído pelo tempo de viagem de ida e volta tRT. Além disso, o fator de qualidade é apenas o produto de 2p e o número de ciclos ópticos após os quais a energia armazenada cai para 1/e do valor original, e a finesse é o produto de 2p e o número de viagens de ida e volta após as quais a energia armazenada cai para 1/e do valor original. Pode ver-se, através de cálculos baseados nestas equações, que um aumento de, digamos, 5 vezes no número F resulta na diminuição do HWHM por um fator ~ 5 e, por conseguinte, resulta na melhoria da nitidez das franjas pelo mesmo fator, o que conduz a uma resolução muito maior.

6.2 Aspectos técnicos das Figuras de Mérito

Como vimos, Q e F são as duas figuras de mérito. É importante notar que as perdas nos espelhos são as perdas dominantes nas microcavidades. Por este motivo, sugere-se que a unidade de pulverização catódica de feixe duplo de iões seja utilizada para fabricar os espelhos com revestimento dielétrico em ambos os lados da camada espaçadora, em vez das outras técnicas de revestimento normalmente utilizadas, como o revestimento por feixe de electrões e a pulverização catódica. Isto deve-se ao facto de a técnica de pulverização catódica por feixe de iões resultar em revestimentos ultra lisos com uma densidade de empacotamento muito próxima da unidade e uma microrrugosidade da ordem dos 3-5 Angstroms, pelo que as perdas por dispersão e absorção são negligenciáveis, o que deverá melhorar a eficiência das cavidades e conduzir a valores de mérito mais elevados (Q e F). Outro aspeto a salientar é que Q pode ser melhorado aumentando o comprimento da cavidade, mas sem qualquer efeito em F. Deste modo, embora Q e F determinem o desempenho da microcavidade, são bastante diferentes um do outro neste aspeto. Este facto leva a concluir que Q e F são figuras de mérito diferentes para as capacidades de circulação da luz de uma microcavidade. Outra aplicação importante das microcavidades é a lasing; tanto para a lasing de baixo limiar como para a lasing de alto limiar. No primeiro caso, temos:

$$\text{Circulação P} = \left(\frac{F}{2\pi}\right) \text{P input} \qquad \text{----------} \quad (16),$$

$$F = Q\left(\frac{\lambda}{T\,tr}\right) = Q\left(\frac{\lambda}{\pi\, n\, D}\right).$$

onde

Para ter uma ideia da circulação de P, correspondente à entrada de P, estas equações podem ser utilizadas para obter os resultados desejados. Para D = 50 μ m, Q = 5x10 elevado à potência 7, e P de entrada = 10 μ W, a circulação de P resulta em ~ 780 mW. Assim, vemos que há uma enorme melhoria na circulação P, o que a torna de grande importância nos dispositivos. No segundo caso, para um valor pequeno do volume de modo Vmode, podemos obter um grau muito elevado de confinamento da potência circulante e, portanto, uma intensidade de

circulação elevada, como mostra o exemplo seguinte:
Eu circo

$$I\ circ = \left(\frac{P\ circ}{A\ mode}\right) \sim \left(\frac{780mW}{5\mu m2}\right) = 15.6\ MW/cm2, \quad --- (17),$$

and

$$A\ mode = \left(\frac{V\ mode}{L\ mode}\right) = \left(\frac{V\ mode}{\pi d}\right) \sim \left(\frac{600\ \mu m3}{100\ \mu m}\right) = 6\ \mu m2 \quad - (18)$$

Um modo
Assim, é evidente que o valor requerido de circulação I pode ser alcançado escolhendo os valores adequados de circulação P e modo A.
Os projectistas têm de considerar muitos aspectos durante o desenvolvimento das microcavidades - principalmente (i) o fabrico, (ii) a facilidade de ligação aos guias de ondas e (iii) a compatibilidade da integração nos circuitos práticos de maiores dimensões. Além disso, na prática, devem ser consideradas várias figuras de mérito como - gama espetral livre, ou seja, a separação do modo espetral, fator de qualidade, ou seja, o tempo temporal, e volume do modo, ou seja, o confinamento espacial. Assim, o projetista tem de lidar com esta complexidade de otimizar as três figuras de mérito de acordo com os requisitos da aplicação. Uma das utilizações mais importantes do acoplamento é a transferência completa da luz incidente para a microcavidade, o que, como é óbvio, pode ser conseguido através de uma conceção que torne iguais a taxa de amortecimento intrínseca e a taxa de acoplamento, conduzindo à interferência destrutiva da luz na saída da onda do sistema.
7 Alguns estudos recentes importantes e as observações finais
As microcavidades têm muitas aplicações, principalmente em optoelectrónica, onde se observou que os lasers de emissão de superfície de cavidade vertical são realmente úteis. Além disso, foi fabricado um dispositivo emissor de um único fotão colocando um ponto quântico numa microcavidade, o que é extremamente útil na criptografia quântica e nos computadores quânticos. O conceito de circulação da luz, para além de ser útil para o lasing, tem aplicações na ótica não linear, como a dispersão Raman, e no acoplamento forte entre a luz e a matéria. Recentemente, foram efectuados alguns estudos importantes sobre este tema (5-7), que abriram novas possibilidades de conceção e desenvolvimento de dispositivos baseados em microcavidades ópticas. Chen et al (5) estudaram a tensão térmica em ressonadores de disco de sílica sobre silício. Li et al (6)

discutiram a espetroscopia de banda lateral e efectuaram a medição da dispersão em microcavidades. Li et al (6) descreveram a caraterização de um laser de alta coerência de microcavidades de Brillouin em silício. Lu et al (7) descreveram a deteção de nanopartículas de alta sensibilidade utilizando microcavidades ópticas. Patton et al (8) estudaram as microestruturas de diamante para dispositivos baseados em cavidades ópticas. Dolan et al (9) efectuaram um estudo de interseção das matrizes de cavidades ópticas sintonizáveis de Femtoliter, Dolan et al (10) apresentaram a construção e análise de microcavidades ópticas sintonizáveis em matriz. Dolan e Smith (11) apresentaram e discutiram a colocação de centros de cor de diamante em microcavidades ópticas sintonizáveis. Kavokin (12) referiu que os excitões-polaritões em microcavidades são um sistema bosónico único, que demonstra fenómenos quânticos coerentes notáveis a temperaturas muito elevadas, e fez também uma breve revisão dos fenómenos fascinantes recentemente descobertos em microcavidades, como a condensação de Bose-Einstein e a superfluidez, o lasing de polaritões, a dispersão e amplificação paramétricas, a comutação de spin de polaritões, o efeito Hall de spin ótico, os vórtices quantizados relacionados com a física dos excitões-polaritões.

Dolan et al (13) estudaram e discutiram as novas microcavidades de acesso livre para a engenharia da interação luz-matéria. Rushworth et al (14) propuseram métodos ópticos reforçados por cavidades para a análise microfluídica em linha. Di et al (15) apresentaram um método para controlar a emissão de pontos quânticos semicondutores utilizando micro-cavidades ópticas sintonizáveis ultra-pequenas. Dolan et al (16) discutiram o acoplamento de pontos quânticos semicondutores coloidais a novas microcavidades sintonizáveis, dispostas em matriz. Di et al (17) forneceram uma análise pormenorizada das microcavidades ópticas sintonizáveis de modo único. Zhang et al (18) estudaram e discutiram recentemente a transição de fase Dicke a temperatura finita de um condensado de Bose-Einstein numa cavidade ótica. Uma vez que a exposição à luz ultravioleta (UV) está ligada a doenças físicas e psicológicas, existe um interesse significativo no desenvolvimento de sensores para a deteção de luz UV na gama de intensidade mW/cm2 com uma elevada relação sinal/ruído.

Harker et al (19) demonstraram um sensor de UV baseado numa microcavidade ótica integrada de sílica, que tem uma resposta de funcionamento linear nas direcções para a frente e para trás de 14 a 53mW/cm2. Verificou-se que a resposta do sensor está de acordo com a teoria preditiva desenvolvida, baseada num modelo termodinâmico, e também se observou que a relação sinal/ruído é superior a 100 a níveis de intensidade fisiologicamente relevantes. Yoshie (20) discutiu os fundamentos da deteção por microrressonadores ópticos dieléctricos, de baixas perdas, incluindo figuras de mérito e uma variedade de concepções de microcavidades, bem como perspectivas futuras na deteção ótica baseada em microcavidades. A frequência de ressonância e o fator de qualidade (Q) foram alterados como meio de detetar uma pequena perturbação do sistema, resultando na realização da deteção ótica de uma pequena quantidade de materiais de amostra, até mesmo de moléculas individuais. Os modos Bloch de superfície induzidos em cristais fotónicos têm-se revelado um candidato promissor devido à grande sobreposição de campos com uma amostra e às ressonâncias de Q ultra-elevado. Sugeriu-se que os efeitos de ótica quântica baseados na eletrodinâmica quântica de microcavidades (QED) permitiriam uma nova deteção a nível fotográfico de átomos e moléculas individuais através da deteção de picos de divisão Rabi de vácuo duplos em acoplamento forte.

Li et al (21) analisaram a deteção da posição angular de nanopartículas individuais em microcavidades ópticas enroladas com degenerescência elevada. A deteção da posição das nanopartículas é impedida em microcavidades ópticas altamente simétricas do tipo whisperinggallery devido ao campo elétrico redistribuível da luz ressonante nelas existente. Além disso, observa-se que nas microcavidades tubulares assimétricas formadas por um guia de ondas em laje enrolada, os modos ressonantes ópticos são divididos e bloqueados na geometria em forma de espiral, o que fornece um ponto de referência para os nós e antinós do campo elétrico no interior da microcavidade. Li et al (21) referiram também que as respostas discriminatórias dos modos ressonantes vizinhos a uma perturbação local proporcionam um método de deteção da posição angular de uma única nanopartícula numa microcavidade ótica enrolada, e sublinharam que estas descobertas acrescentam funcionalidade às aplicações da microcavidade e também uma compreensão mais profunda da eletrodinâmica da cavidade. Rulke et al (22) sugeriram duas novas concepções de microcavidades ópticas com estruturas piramidais de GaAs para melhorar o confinamento da luz. Na primeira, foram realizadas pirâmides invertidas independentes, nas quais o confinamento da luz se baseia exclusivamente na reflexão interna total. Os cálculos baseados nos métodos de elementos finitos sugerem factores Q potencialmente muito elevados para estas geometrias, especialmente para pirâmides com uma base octogonal. No segundo caso, foram metalizadas pirâmides truncadas sobre reflectores de Bragg distribuídos (DBR), tendo sido demonstrado que, ao contrário das pirâmides independentes, esta última abordagem implica que os DBRs permitem o confinamento vertical e lateral da luz. Guo et al (23) referiram que as microcavidades ópticas são estruturas compactas que confinam os fotões ressonantes em dimensões microscópicas durante longos períodos de tempo, melhorando consideravelmente as interações luz-matéria; e que foram amplamente explorados mecanismos físicos profundos e abundantes no interior destas microcavidades ou microcavidades funcionais, incluindo a deslocação/cisão e alargamento do modo, o lasing e as melhorias de ganho, a ressonância plasmónica de superfície, a ressonância de fluorescência, a transferência de energia, a espetroscopia de pente de frequências ópticas, a interação optomecânica e um ponto excecional. A versatilidade na conceção e a gama diversificada de materiais, em especial compósitos envolvendo metais e materiais bidimensionais, resultaram em abordagens inovadoras e num melhor desempenho em aplicações de deteção bioquímica. Salientaram que, tirando partido das vantagens que vão desde a miniaturização, a elevada sensibilidade, a resposta rápida e a estabilidade inerente, os sensores bioquímicos baseados em microcavidades ópticas surgiram para responder às exigências crescentes e cada vez mais complexas da deteção bioquímica. Guo et al (23) analisaram a exploração de mecanismos e estruturas fundamentais e aplicações típicas em avanços recentes, abrangendo a deteção de biomacromoléculas, células, partículas sólidas, iões líquidos e moléculas de gás. O seu documento culmina com uma perspetiva de futuro, destacando as tendências de desenvolvimento futuro e as direcções de investigação cruciais. Tendo em conta a evolução dos conceitos neste domínio, pode afirmar-se que, no futuro, até as roupas que usamos e os nossos edifícios poderão purificar o ar, uma vez que as roupas fotocatalíticas podem decompor os óxidos de azoto e os compostos orgânicos voláteis utilizando apenas oxigénio e luz, e a mesma tecnologia tem sido utilizada em tintas e cimento, permitindo que os edifícios limpem o ar à sua volta. Ossiander et al (24) discutiram as microcavidades ópticas estabilizadas por metassuperfície. Como afirmam, as cavidades concentram a luz e aumentam a sua interação com a matéria e, uma vez que o confinamento a volumes microscópicos é necessário para muitas aplicações, as restrições de espaço nessas cavidades limitam a liberdade de conceção. Nesta comunicação, demonstraram microcavidades ópticas estáveis, contrariando a evolução de fase dos modos da cavidade, utilizando uma metassuperfície de silício amorfo como espelho da extremidade da cavidade. Sublinharam que (i) uma conceção cuidadosa permite limitar as perdas por dispersão da metassuperfície em comprimentos de onda de telecomunicações a menos de 2% e que a utilização de um refletor de Bragg distribuído como substrato da metassuperfície garante uma elevada refletividade; e (ii) a sua demonstração permite obter experimentalmente microcavidades de comprimento de onda de telecomunicações com factores de qualidade até 4600, larguras de linha de ressonância espetral inferiores a 0,4 nm e volumes de modo inferiores a 2,7X3. Como demonstrado por eles, o método introduz a liberdade de estabilizar modos com perfis de intensidade transversal arbitrários e de conceber modos de holograma reforçados por cavidades. Além disso, a sua abordagem introduz as capacidades nanoscópicas de controlo da luz das metassuperfícies dieléctricas na eletrodinâmica da cavidade e é industrialmente escalável utilizando processos de fabrico de semicondutores. Este tipo de microcavidades ópticas pode ser utilizado de forma útil para fins de investigação neste domínio em evolução.

Fisicaro et al (25) discutiram a estabilização ativa de uma microcavidade ótica de acesso aberto para funcionamento com baixo ruído num crióstato de ciclo fechado normal. Como explicam, as microcavidades ópticas de acesso aberto são cavidades do tipo Fabry-Perot que consistem em dois espelhos de dimensão micrométrica, separados por um espaço de ar (ou de vácuo) tipicamente de alguns micrómetros; em comparação com as microcavidades integradas, esta configuração é mais flexível, uma vez que a posição relativa dos dois espelhos pode ser ajustada, permitindo alterações fáceis em parâmetros como o comprimento da cavidade e o volume do modo e a seleção de modos transversais específicos da cavidade. Estas vantagens são obtidas à custa da estabilidade mecânica da própria cavidade, o que é particularmente importante em crióstatos de ciclo fechado ruidosos. Foi possível demonstrar que uma microcavidade ótica de acesso aberto baseada nos princípios de conceção de um microscópio de sonda de varrimento; e quando operada a 4 K num crióstato ótico de mesa de ciclo fechado sem qualquer filtro passa-baixo mecânico dedicado, são obtidas estabilidades de 5,7 e 10,6 pm rms nos períodos calmo e completo do ciclo do criogerador, respetivamente.

Kadadou et al (26) discutiram recentemente os métodos analíticos para a determinação de contaminantes ambientais preocupantes na água e nas águas residuais.

Afirmaram que as principais classes de poluentes orgânicos, com destaque para os poluentes orgânicos persistentes (POP) e os poluentes orgânicos emergentes (POE), são as apresentadas na figura seguinte:

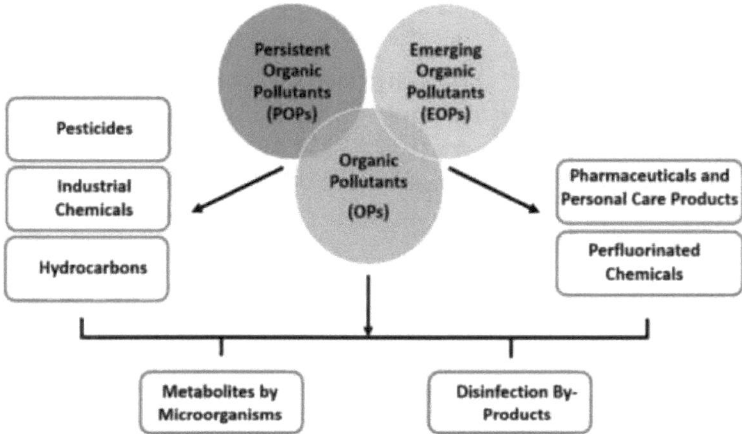

Fig. 4 Principais classes de poluentes orgânicos, com destaque para os poluentes orgânicos persistentes (POP) e os poluentes orgânicos emergentes (EOP). Figura cortesia de Kadadou Dana , Tizani Lina, Alsafar Habiba , e Hasan Shadi W. , Analytical methods for determining environmental contaminants of concern in water and wastewater, MethodsX , Volume 12, junho de 2024, 102582.

Por conseguinte, é evidente que este campo excitante está a atrair a atenção de vários trabalhadores e pode concluir-se com segurança que as microcavidades ópticas vão ter muitas aplicações inovadoras em soluções e sistemas de controlo da poluição.

Referências

(1) Percentagem da concentração de dióxido de azoto na primeira semana de fevereiro de 2015 I Cambridge, UK, Royal Society of Chemistry , Cambridge. 2015.

(2) James H. Wade e Ryan C. Bailey, Applications of Optical Microcavity Resonators in Analytical Chemistry, Annu Rev Anal Chem (Palo Alto Calif). 2016 Jun 12; 9(1): 1-25. Publicado online em 30 de março de 2016. doi: 10.1146/annurev-anchem-071015-041742, PMCID: PMC5818158, NIHMSID: NIHMS941074, PMID: 27049629.

(3) Química Ambiental, Décima Primeira Edição Stanley E Manahan, Universidade do Missouri, Copyright 2022.

(4) Panorama da qualidade do ar do dióxido de azoto (NO2) nos Estados Unidos, atualizado: 29 de junho de 2023.

(5) Chen Tong, Lee Hansuek, e Vahala Kerry J.,Thermal stress in silica-on-silicon disk resonators, Applied Physics Letters, 102 (2013) 031113.

(6) Li Jiang, Lee Hansuek, Chen Tong, e Vahala Kerry J. , Characterization of a

high coherence, Brillouin microcavity laser on silicon, Optics Express, 20 (2012) 20170-20180.
(7) Lu Tao, Lee Hansuek, Chen Tong, Herchak Steven, Kim Ji-Hun, Fraser Scott E., Richard C., e Vahala Kerry, High sensitivity nanoparticle detection using optical microcavities, PNAS 108 (15) (2011) 5976-5979.
(8) Patton B. R., Dolan P. R., Grazioso F., Smith J. M., Fairchild B., Olivero P., Greentree A., e Prawer S., Diamond microstructures for optical cavity based devices, DeBeers Diamond Conference, Warwick University, 30 de junho de 2009.
(9) Dolan P. R., Hughes G. M., Grazioso F., Patton B. R., e Smith J. M., Femtoliter tunable optical cavity arrays, Optics Lett. 35 (2010) 3556.
(10) Dolan P. R., Patton B. R., e J Smith M., Construction and analysis of arrayed, tuneable optical microcavities, Photon 10, Southampton, Reino Unido, 24-27 de agosto de 2010.
(11) Dolan P. R. e Smith J. M., Colocação de centros de cor de diamante em microcavidades ópticas sintonizáveis, SBDD XVI, Hasselt, Bélgica, 21-23 de fevereiro de 2011.
(12) Kavokin Alexey, Exciton-polaritons em microcavidades: Descobertas recentes e perspectivas, Physica Status Solidi (b) 247 (2010) páginas 1898-1906.
(13) Dolan Philip R., Jones Helene, Z Di iyun, e Smith Jason M., New open access microcavities for engineering the light-matter interaction, Villa Conferência sobre Materiais e Dispositivos Optoelectrónicos, Orlando, Florida, 16-20 de abril de 2012.
(14) Rushworth C. M., Davies J., Cabral J. T., Dolan P. R., Smith J. M., e Vallance C., Cavity-enhanced optical methods for online microfluidic analysis, Chem. Phys. Lett. 554 (2012) 1.
(15) Di Z. Y., Jones H. V., Dolan P. R., Fairclough S. M., Wincott M. B., Fill J., Hughes G. M. e Smith J. M., Controlo da emissão de pontos quânticos semicondutores utilizando micro-cavidades ópticas sintonizáveis ultra-pequenas, New J. Phys. 14 (2012) 103048.
(16) Dolan Philip R, Di Zi Yun, Jones Helene V, Fairclough Simon M., Smith Jason M., Coupling colloidal semiconductor quantum dots to novel, arrayed, tunable microcavities, 7th International conference on quantum dots, Santa Fe, New Mexico, USA, May 13 - May 18, 2012.
(17) Di Zi Yun, Dolan Philip R., Jones Helene V., Hughes Gareth M., e Smith Jason M., Single mode tunable optical microcavities, CLEO: Science and Innovations, San Jose, Califórnia, 6 de maio de 2012.
(18) Zhang Yuanwei, Lian Jinling, Liang J.-Q., Chen Gang, Zhang Chuanwei e Jia Suotang, Transição de fase Dicke de temperatura finita de um condensado

de Bose-Einstein numa cavidade ótica, Phys. Rev. A, 87(2013) 013616.
(19) Harker Audrey, Mehrabani Simin, e Armani Andrea M., Deteção de luz ultravioleta utilizando uma microcavidade ótica, Optics Letters, 38 (2013) pp. 3422-3425.
(20) Yoshie Tomoyuki , Tang Lingling , e Su Shu-Yu, Optical Microcavity: Sensing down to Single Molecules and Atoms, *Sensors 11* (2011) 1972-1991;
(21) Li Shilong , Ma Libo , Bottner Stefan , Mei Yongfeng , Jorgensen Matthew R., Kiravittaya Suwit , and Schmidt Oliver G., Angular position detection of single nanoparticles on rolled-up optical microcavities with lifted degeneracy, Phys. Rev. A 88 (2013) 033833.
(22) Rulke, D., Karl, M. , Beck, T. , Hu, D.Z. , Schaadt, D.M. , Kalt, H., e Hetterich,M.,Optical microcavities with pyramidal shape, Lasers and Electro-Optics 2009 and the European Quantum Electronics Conference.
CLEO Europa - EQEC 2009. Munique.
(23) Guo Yanhong, Liang Yupei, Li Yiwei, Tian Bing, Fan Xiaoping, He Yi, Liu Mingyu, Peng Lei, Tang Nian, Tan Teng e Yao Baicheng, Optical Microcavities Empowered Biochemical Sensing: Status and Prospects, Advanced Devices & Instrumentation, https://orHTT.org/0000-0001-8368-5815, 20 Mar 2024, Vol 5, Article ID: 0041, DOI:10.34133/adi.0041.
(24) Ossiander Marcus, Meretska Maryna Leonidivna , Rourke Sarah , Spagele Christina, Yin Xinghui , Benea-Chelmus Ileana-Cristina, e Capasso Federico, Metasurface-stabilized optical microcavities, Nature Communications volume 14, Artigo número: 1114 (2023).
(25) Fisicaro M., Witlox M., Meer H. van der, e Lofler, Estabilização ativa de uma microcavidade ótica de acesso aberto para funcionamento com baixo ruído num criόstato de ciclo fechado normal, Rev. Sci. Instrum. 95, 033101, 2024-03-01, Artigo de Investigação março 0N 5.017498234.
(26) Kadadou Dana , Tizani Lina, Alsafar Habiba , e Hasan Shadi W. , Analytical methods for determining environmental contaminants of concern in water and wastewater, MethodsX , Volume 12, junho de 2024, 102582.

Capítulo 2

Biopolímeros para soluções de sustentabilidade

1 Biopolímeros em dispositivos de armazenamento de energia

Os BPs são polímeros derivados de fontes biológicas renováveis, como plantas, animais e microorganismos. Têm ganho um interesse significativo como uma potencial alternativa aos polímeros sintéticos tradicionais devido à sua biodegradabilidade, biocompatibilidade e sustentabilidade. Recentemente, o domínio dos biopolímeros tem atraído a atenção de vários autores (1- 3).

Gokul et al (4) discutiram os efeitos dos biopolímeros em aplicações de armazenamento de energia. Devido às aplicações inevitáveis dos biopolímeros numa vasta gama, desde dispositivos electrónicos a veículos eléctricos, o domínio dos dispositivos de armazenamento de energia evoluiu tremendamente no passado recente. Foram também comunicadas algumas outras investigações úteis (5-7) sobre as aplicações dos biopolímeros em vários domínios. A escolha de materiais para dispositivos de armazenamento de energia é um passo crucial, que desempenha um papel importante na melhoria do seu desempenho e eficiência globais. Os materiais tradicionais apresentam um desempenho satisfatório, mas sofrem de problemas ambientais relacionados com a síntese, o consumo e, sobretudo, a eliminação. Estes efeitos adversos no ambiente causam um problema grave na gestão da maioria dos materiais e produtos convencionais, o que constitui uma grande preocupação. Estes problemas causados pelos materiais convencionais levaram os investigadores a concentrar os seus esforços no desenvolvimento de BPs a partir dos recursos biológicos disponíveis na natureza, que mostram um potencial substancial para aplicações de armazenamento de energia de alto desempenho. Estão a ser desenvolvidos muitos esforços de investigação para estudar os tipos, as propriedades e a biodegradabilidade dos BPs, as técnicas de preparação, as estratégias de modificação e as suas aplicações em dispositivos de armazenamento de energia. A melhor estratégia de modificação para melhorar de forma compreensível o desempenho dos dispositivos de armazenamento é a adição de nanopartículas. Os BPs à base de acetato de celulose (CA), amido e quitosano (CS) foram utilizados num número substancial de pesquisas sobre baterias, supercapacitores (SC) e constituem a maioria dos materiais para todos os estudos de BPs em aplicações de armazenamento de energia.

2 Química dos biopolímeros e sua formação

Os dispositivos de armazenamento de energia são vitais para o controlo da utilização de energia em várias aplicações, incluindo equipamento automóvel e elétrico. Os materiais utilizados para fabricar estes dispositivos, como o SC e as baterias, podem gerir a sua eficiência e vida útil. A eficiência e a longevidade óptimas destes dispositivos só podem ser alcançadas através da sua conceção e da melhor combinação possível de vários componentes. Os materiais sintéticos podem proporcionar um desempenho excecional, mas têm muitas desvantagens devido à sua natureza sintética. Apesar do facto de os polímeros biodegradáveis apresentarem caraterísticas promissoras na construção de membranas, tiveram de resolver vários problemas, incluindo propriedades mecânicas fracas, baixo desempenho em aplicações industriais e baixa taxa de biodegradabilidade. Embora os componentes dos eléctrodos à base de BP tenham qualidades excepcionais, as microestruturas ainda têm de ser consideravelmente melhoradas para se atingirem as densidades de energia e potência necessárias. Os investigadores realizaram um trabalho de investigação significativo sobre a influência da adição de vários BPs nas propriedades dos sistemas de armazenamento de energia; e descobriram que a adição de um dispositivo à base de amido de milho dá o melhor resultado de condutividade, o que é atribuído ao facto de ter uma área de superfície elevada e poder facilitar a condutividade. Existem muitos tipos de BPs adequados a diferentes papéis em aparelhos de armazenamento de energia com base nas suas caraterísticas únicas; cada um deles é capaz de enfrentar desafios com o material. Assim, são utilizadas misturas e compósitos de biopolímeros (Fig.1) para este fim.

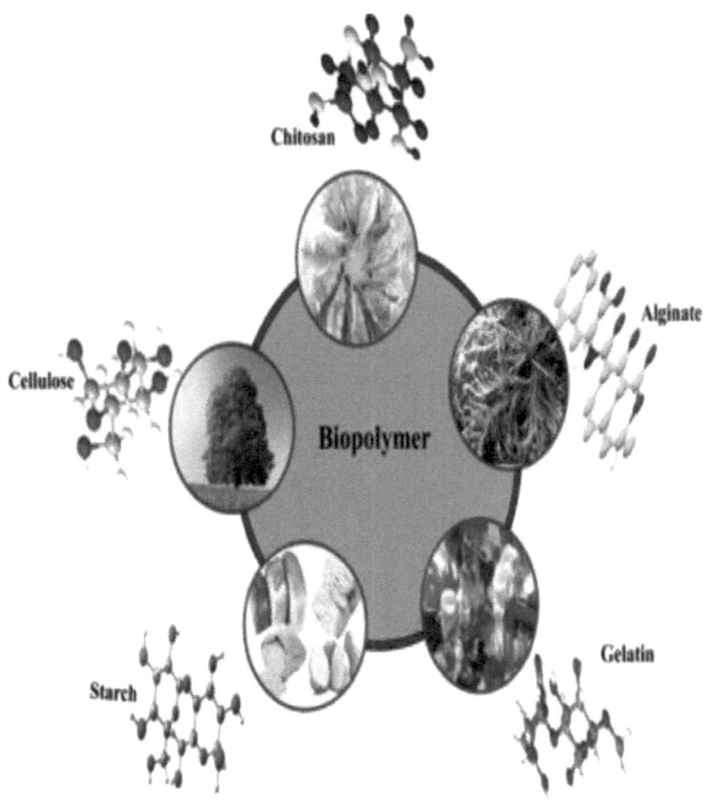

Fig.1 Misturas e compósitos de biopolímeros, Figura cortesia de sciencedirect.com.

Os biopolímeros são polímeros derivados de organismos vivos e têm propriedades semelhantes às dos polímeros naturais. São compostos por unidades repetitivas chamadas monómeros, ligadas entre si através de ligações químicas. Os biopolímeros existem em várias formas: proteínas, proteínas, nucleácidos, polissacarídeos e poliésteres. As reacções líquidas para a formação de biopolímeros por desidratação por condensação e para a degradação de biopolímeros por hidrólise são as seguintes

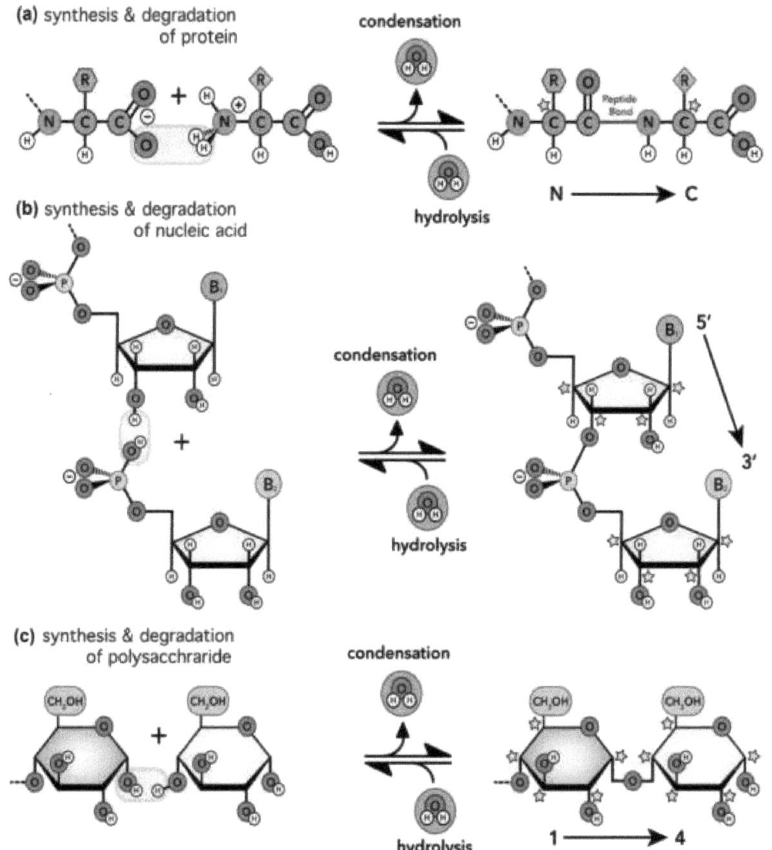

Fig.2 Reacções em rede para a formação de biopolímeros por desidratação por condensação e degradação de biopolímeros por hidrólise. a Proteína. b ARN. c Polissacárido. Todos os biopolímeros são quirais e direcionais com extremidades distintas. São indicados os centros quirais (estrelas, mostrados apenas nos polímeros) e as direccionalidades das cadeias (setas). As caixas azuis indicam (no total) os átomos envolvidos nas reacções de síntese/degradação. (Figura a cores online). Figura cortesia de researchGate.net

A equação para a preparação do polímero biodegradável de poliéster é dada por poliéster = diol + ácido dicarboxílico (ou éster),

em que o diol é um composto com dois grupos hidroxilo (-OH), e

o ácido dicarboxílico (ou éster) é um composto com dois grupos carboxilo (-COOH) ou grupos éster (-COO-).

É de notar que o polihidroxibutirato-co-hidroxivalerato (PHBV) é um importante polímero biodegradável. É muito importante compreender a estrutura de vários biopbiodegradadores para escolher o mais adequado para um determinado dispositivo de armazenamento de energia, o que requer experiência e conhecimento dos biopolímeros e dos sistemas de armazenamento de energia. As fórmulas estruturais de alguns biopolímeros são apresentadas de seguida:

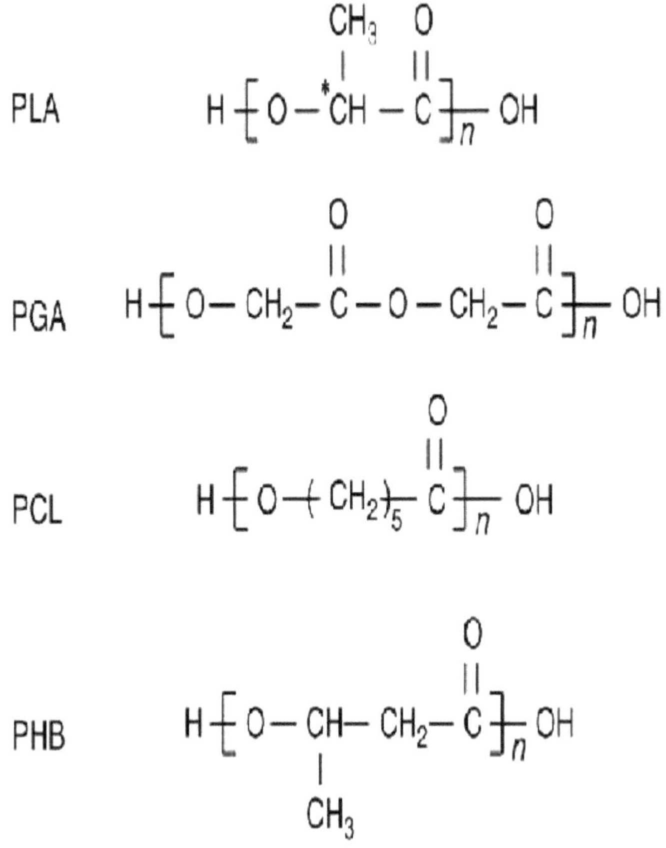

PLA $$H{-}[O{-}\overset{*}{C}H(CH_3){-}C({=}O)]_n{-}OH$$

PGA $$H{-}[O{-}CH_2{-}C({=}O){-}O{-}CH_2{-}C({=}O)]_n{-}OH$$

PCL $$H{-}[O{-}(CH_2)_5{-}C({=}O)]_n{-}OH$$

PHB $$H{-}[O{-}CH(CH_3){-}CH_2{-}C({=}O)]_n{-}OH$$

Fig.3 Fórmulas estruturais de alguns biopolímeros. Figura cortesia de researchGate.

Na realidade, a maior parte dos compostos químicos e materiais dependem de processos de biodegradação. No entanto, o seu significado está nas taxas relativas desses processos, tais como dias, semanas ou anos. Vários factores, incluindo a luz, a água e o oxigénio, bem como a temperatura, determinam o ritmo a que ocorre a degradação dos compostos orgânicos.

3 Ácidos polihidroxialcanóicos como compostos de armazenamento

Os ácidos polihidroxialcanóicos (PHA) são encontrados como compostos de armazenamento de carbono e energia, e também para outras funções, em vários tipos de bactérias. Nestes compostos, os ácidos hidroxialcanóicos formam as unidades de repetição que são ligadas por ligações oxoéster para formar polioxoésteres. Uma vez que os PHAs apresentam propriedades termoplásticas ou elastoméricas e são também biodegradáveis, são considerados como substitutos dos plásticos persistentes convencionais, como o polietileno e o polipropileno. Um ponto importante a compreender é que os polímeros, incluindo o ácido poliglicólico, o ácido poliláctico, o poli-в-hidroxibutirato-co-e-hidroxi-valerato (PHBV), etc., que são decompostos por microrganismos, não causam quaisquer efeitos graves no ambiente, uma vez que se degradam principalmente por hidrólise enzimática e, em certa medida, por oxidação.

A caraterização pormenorizada destes novos biopolímeros em vários laboratórios revelou as suas propriedades físicas, biológicas e materiais, de modo a compará-las com as dos PHA homólogos. Os PTEs são diferentes dos PHAs apenas pela ocorrência de átomos de enxofre em vez de átomos de oxigénio nas ligações da espinha dorsal do polímero, o que resulta em diferenças marcantes em várias propriedades dos polímeros. Após a descoberta dos PTEs, foi de interesse saber se, tal como os seus homólogos polioxoésteres, estes novos biopolímeros são biodegradáveis e quais os sistemas enzimáticos que catalisam a sua degradação. O conhecimento sobre a biodegradabilidade e também sobre o comportamento dos PTEs no ambiente é um pré-requisito para o desenvolvimento de aplicações técnicas que os utilizem.

As proteínas, incluindo as enzimas, os anticorpos e as proteínas estruturais como o colagénio, são biopolímeros constituídos por aminoácidos, que desempenham papéis vitais nos processos biológicos e são essenciais para a estrutura e função das células e dos tecidos. Os ácidos nucleicos, incluindo o ADN (ácido desoxirribonucleico) e o ARN (ácido ribonucleico), são biopolímeros que transportam informação genética. São constituídos por monómeros de nucleótidos ligados entre si para formar uma cadeia longa. Enquanto o ADN armazena e transmite informação genética, o ARN está associado à síntese de proteínas. Os polissacáridos, como a celulose, o amido e a quitina, são hidratos de carbono complexos compostos por unidades de monossacáridos. Actuam como componentes estruturais nas plantas e fornecem armazenamento de energia. Os poliésteres, como o poli(ácido lático) (PLA), são biopolímeros formados pela reação de condensação de monómeros com grupos funcionais de ácido carboxílico e álcool, derivados de recursos renováveis como o amido de milho, e são utilizados em materiais de embalagem biodegradáveis. Durante a última década, os biopolímeros têm sido de grande interesse para a investigação devido à sua natureza renovável e biodegradável, tornando-os assim alternativas mais sustentáveis aos polímeros convencionais à base de petróleo. Têm aplicações importantes em várias indústrias, incluindo a embalagem, os têxteis, a agricultura, a medicina e a engenharia de tecidos; e também têm o potencial de contribuir para reduzir o impacto ambiental e promover um futuro mais sustentável para a humanidade. Rajeswari et al [8] apresentaram os biopolímeros, as tecnologias de processamento e as aplicações dos biopolímeros. A crescente consciencialização ambiental (utilização de materiais de construção seguros e não tóxicos, conservação de energia e água, reciclagem, ativismo, etc.) e o risco ecológico têm levado a que cada vez mais a investigação se debruce sobre a utilização de compósitos ecológicos, uma vez que estes têm potencial para serem mais atractivos do que os compósitos tradicionais à base de petróleo, que são tóxicos e não biodegradáveis. Devido ao seu peso leve, facilidade de processamento e isolamento acústico, os compósitos verdes têm sido amplamente utilizados, desde a indústria aeroespacial até às aplicações domésticas. Os biopolímeros, incluindo a celulose, a quitina, o quitosano, as proteínas, o colagénio, a gelatina, a seda, bem como alguns derivados biológicos e compósitos, têm sido estudados em pormenor. Recentemente, a produção biotecnológica de biopolímeros a granel centrou-se na síntese de polímeros biodegradáveis para substituir os seus correspondentes materiais não biodegradáveis derivados de recursos fósseis.

Os polihidroxialcanoatos e o ácido poliláctico actuam como substitutos das poliolefinas. No entanto, a produção biotecnológica de polímeros não biodegradáveis a partir de recursos renováveis tem sido pouco considerada até à data, provavelmente porque esta ideia contradiz o paradigma de que todos os compostos naturais são biodegradáveis. Mas os politeístas, que foram recentemente descritos como novos biopolímeros, não seguem este paradigma, uma vez que, embora sejam produzidos por bactérias, são persistentes à degradação microbiana. A humanidade necessita de polímeros não biodegradáveis e biodegradáveis, bem como de métodos para os produzir a partir de recursos renováveis.

Steinbuchel et al (9) estudaram e discutiram os biopolímeros não biodegradáveis a partir de recursos renováveis; e as suas perspectivas e impactos, durante as últimas duas décadas. Baranwal et al (10) discutiram o biopolímero como um material sustentável para aplicações alimentares e médicas. Os seus resultados foram apresentados nas Figuras 5 e 6 abaixo:

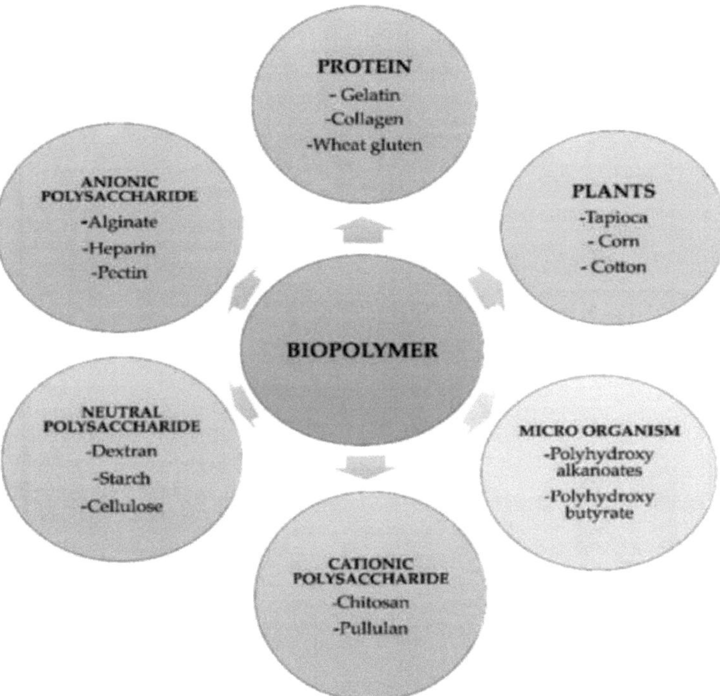

Fig.4 Vários biopolímeros naturais renováveis10.217correspondentes às suas respectivas fontes. Figura cortesia de Alexander Steinbuchel, Non-biodegradable biopolymers from 2005 renewable resources: perspectives and impacts, Current Opinion in Biotechnology, Volume 16, Issue 6, December, Pages 607-613; https://doi.org/10.1016/j.copbio.2005.10.011.

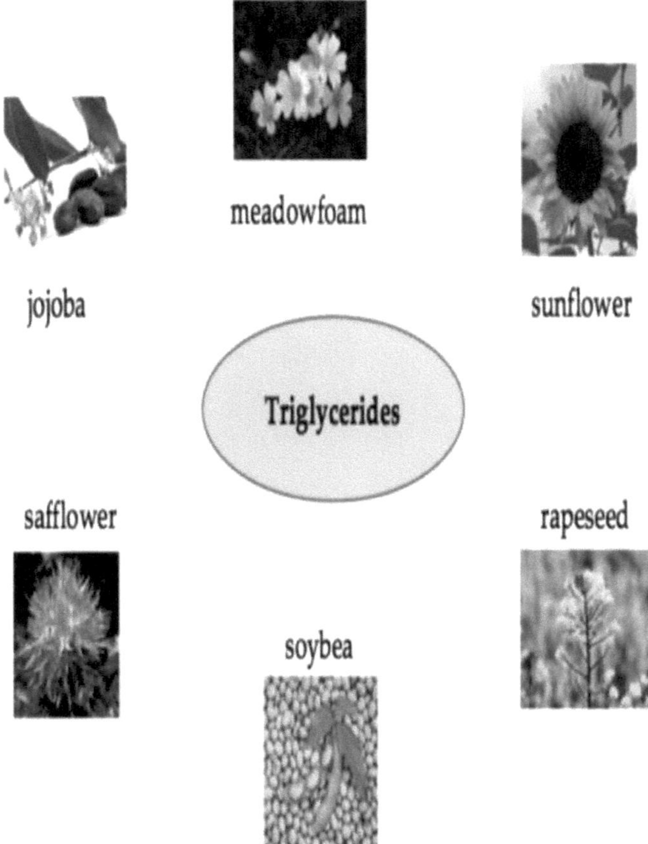

Fig. 5 Os triglicerídeos presentes nos vegetais são importantes fontes de biopolímeros. Figura cortesia de Jaya Baranwal, Brajesh Barse, Antonella Fais, Giovanna Lucia Delogu e Amit Kumar, Biopolymer: A Sustainable Material for Food and Medical Applications, Cedric Delattre, Editor Académico e Iolanda De Marco, Editor Académico, Polymers (Basileia). 2022 Mar; 14(5): 983. Publicado online em 2022 Feb,28. doi: 10.3390/polym14050983,,PMCID: PMC8912672, PMID: 35267803.

Jumaidin et al (11) discutiram as algas marinhas como fontes renováveis de biopolímeros e seus compósitos. Salientaram que (i) as algas marinhas são um organismo versátil que produz vários tipos de polissacáridos, ou seja, ágar, carragenina e alginato, que são amplamente utilizados no desenvolvimento de biopolímeros; e (ii) os biopolímeros derivados de polissacáridos de algas marinhas têm caraterísticas promissoras, uma vez que são renováveis, biodegradáveis, biocompatíveis e amigos do ambiente. Descreveram as utilizações das algas marinhas e dos seus biopolímeros para várias aplicações. Sublinharam que as algas marinhas são uma fonte altamente potencial de biopolímeros renováveis. Os seus biopolímeros demonstraram grandes caraterísticas para várias aplicações devido à sua capacidade única de formação de película e excelentes propriedades mecânicas, que podem ser melhoradas através de várias técnicas de modificação, incluindo reforço e mistura. O potencial das algas marinhas como carga em compósitos poliméricos mostra que podem ser utilizadas para melhorar as propriedades térmicas, físicas e mecânicas da matriz polimérica sintética e, por conseguinte, constituem um recurso renovável altamente potencial para o desenvolvimento de materiais biocompatíveis e amigos do ambiente.

Soldo et al (12) estudaram os biopolímeros como uma solução sustentável para a melhoria das propriedades mecânicas do solo, e os seus resultados mostraram que a resistência do solo tende a aumentar com o aumento da concentração de biopolímero e com o tempo de cura. Mostraram que a resistência do solo não se altera consideravelmente após um determinado nível de concentração de biopolímero e tempo de cura, e observaram que os espécimes tratados com biopolímero apresentaram melhor resistência à influência das condições ambientais. Por fim, afirmaram que, em geral, a goma xantana, a goma guar e o beta 1,3/1,6 glucano apresentam o efeito mais dominante e potencial para o futuro da engenharia sustentável.

4 Observações finais

Para além da sua utilização em materiais de construção e em aplicações especializadas, os biopolímeros são repetidamente utilizados como materiais de embalagem. A disponibilidade de polímeros biodegradáveis a partir de recursos renováveis seria benéfica para o ambiente e proporcionaria soluções sustentáveis. A construção moderna de casas, automóveis e outros desenvolvimentos não seria possível sem a disponibilidade de polímeros persistentes como o polietileno, o poliestireno ou o policloreto de vinilo. As propriedades únicas dos PTEs conduzem a novas aplicações em vários domínios. Para conhecer o espetro completo de propriedades destes novos biopolímeros não naturais, é necessário produzir PTEs para além do poli(3MP) em grandes quantidades através da fermentação de microrganismos, o que exigirá esforços intensivos para identificar novos biocatalisadores através do rastreio e análise de genomas microbianos sequenciados e metagenomas, o que, por sua vez, ajudará a conceber novas vias nas bactérias através de processos metabólicos. Tendo em conta estes requisitos, os investigadores estão a realizar novas investigações. Assim, podemos concluir que o campo dos biopolímeros está a evoluir rapidamente e está numa base sólida.

Referências

(1) Chopra Kamal Nain , Recent Advances in Biopolymers and Green Composites with Emphasis on Research Applications In Water Pollution Control and Sustainable Environment, PLENARY LECTURE CIPET 2023, KOCHI (24 Nov 2023), Central Institute of Petrochemicals Engineering, and Technology, Department of Chemicals and Petrochemicals, Ministry of Chemicals and Fertilizers, Government of India.

(2) Chopra Kamal Nain e Dev Anshu, A Technical Note on Advances in Applications of Polymer Compositesfor Water Pollution Control and Sustainable Environment, Journal of Instrument Society of India, Institute of Science, Bangalore.

(3) Chopra Kamal Nain e Dev Anshu , Qualitative and Chemical Analysis of Biopolymers and Green Composites for Application in Clean Energy and Energy Storage, Invertis Journal of Renewable Energy, Communicated Dec 2023).

(4)Gopinath Gokul, Ayyasamy
Sakunthala, Shanmugaraj Pavithra, Swaminathan Rajesh , Subbiah Kavitha , e Kandasamy Senthilkumar, Effects of biopolymers in energy storage applications: A state-of-the-art review, Journal of Energy Storage, Volume 70, 15 de outubro de 2023, 108065;
https://doi.org/10.1016/j.est.2023.108065.

(5) Tang Chuyang, Wang Zhining, Petrinic Irena, Fane Anthony G. , Helix-Nielsen Claus, Biomimetic aquaporin membranes coming of age, Desalination, Volume 368, 15 de julho de 2015, Páginas 89-105.

(6) Wu Feng , Misra Manjusri , Mohanty Amar K. , Challenges and new opportunities on barrier performance of biodegradable polymers for sustainable packaging, Progress in Polymer Science, Volume 117, junho de 2021, 101395.

(7) Aziz Shujahadeen B. , Abdulwahid Rebar T. , Mohammed Sewara J. , Aziz Dara M. , Muhamad H. Hamsan , Halim Norhana Abdul , Al-Saeedi Sameerah I. , Karim Wrya O. , Woo Haw J. , e Kadir Mohd F.Z. , Dispositivo de armazenamento de energia limpa derivado de biopolímeros com ciclos de carga e descarga moderados: Propriedades estruturais e electroquímicas. Journal of Industrial and Engineering Chemistry, Volume 130, 25 de fevereiro de 2024, Páginas 673-687.

(8) Rajeswari A., Christy E. Jackcina Stobel, and Pius Anitha , Chapter 5 - Biopolymer blends and composites: processing technologies and their properties for industrial applications, Biopolymers and their Industrial Applications; From Plant, Animal, and Marine Sources, to Functional Products,2021, Pages 105-

147.
(9) Steinbuchel Alexander , Non-biodegradable biopolymers from 2005 renewable resources: perspectives and impacts, Current Opinion in Biotechnology, Volume 16, Issue 6, December, Pages 607-613; **https://doi.org/10.1016/j.copbio.2005.10.011.**
(10) Baranwal Jaya , Barse Brajesh,Fais Antonella, Lucia Giovanna , e Kumar , Biopolymer: A Sustainable Material for Food and Medical Applications, Cedric Delattre, Editor Académico e lolanda De Marco, Editor Académico, Polymers (Basileia). 2022 Mar; 14(5): 983. Publicado online em 2022 Fev,28. doi: 10.3390/polym14050983,,PMCID: PMC8912672, PMID: 35267803.
(11) Jumaidin Ridhwan, Sapuan S.M., Mohammad Jawaid, Mohamad Ridzwan Ishak e Sihari Japar , Seaweeds as Renewable Sources for Biopolymers and its Composites: A Review, Volume 14, Issue 3, 2018, Page: [249 - 267]Páginas: 19;
DOI: 10.2174/1573411013666171009164355.esh.
(12) Soldo, A., Miletic, M. e Auad, M.L. Biopolímeros como uma solução sustentável para a melhoria das propriedades mecânicas do solo. *Sci Rep* 10, 267 (2020). https://doi.org/10.1038/s41598-019-57135-x.

Capítulo 3

Nanozimas - Usos e aplicações e seu desenvolvimento

1 Introdução

Muitas nanozimas têm a capacidade de imitar as enzimas naturais, como a catalase e a peroxidase, mas os desenvolvimentos futuros conduzirão à produção de novas enzimas artificiais à escala nanométrica. As nanozimas estão atualmente a ser utilizadas em biomedicina através da deteção de alvos como pequenas biomoléculas. Algumas nanozimas importantes são apresentadas nas Figuras 1 e 2.

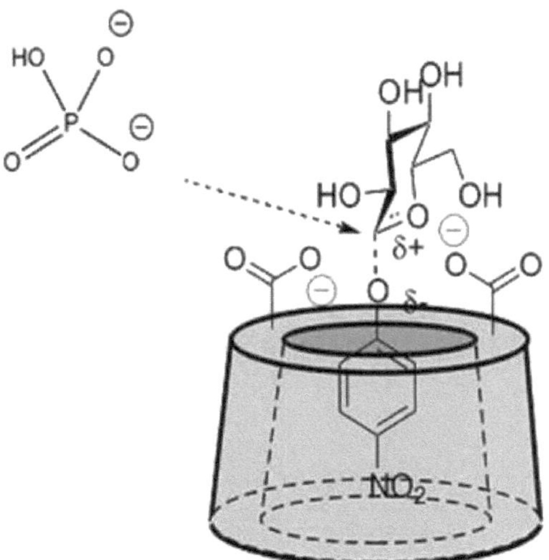

Fig.1 Desenho esquemático da fosforulase artificial Figura cortesia Enzima artificial - Wikipedia.

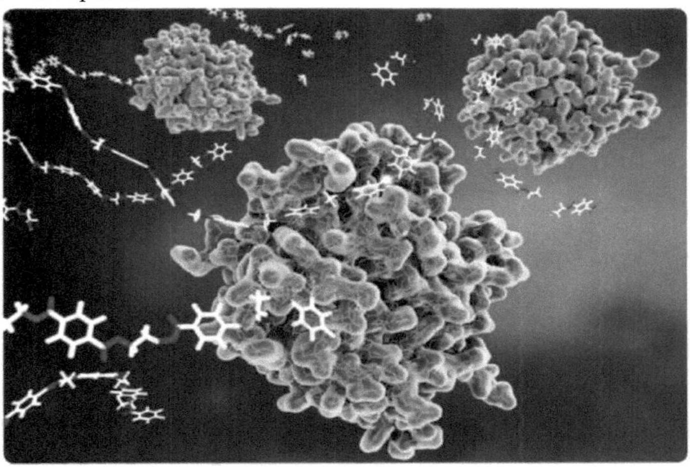

Fig. 2 Figura de uma nanoenzima típica, como a catalase e a peroxidase. Figura cortesia de Juan Gaertner / Shutterstock.

Muitas nanozimas têm a capacidade de imitar as enzimas naturais, como a catalase e a peroxidase, mas os desenvolvimentos futuros conduzirão à produção de novas enzimas artificiais à escala nanométrica. As nanozimas estão atualmente a ser utilizadas em biomedicina através da deteção de alvos como pequenas biomoléculas. Devido às suas caraterísticas muito especiais, estes materiais têm sido objeto de muitas aplicações (1-15) em diferentes domínios

2 Enzimas naturais vs Enzimas artificiais

Em comparação com as enzimas naturais, as nanozimas apresentam uma série de vantagens: (i) São menos dispendiosas e recicláveis; (ii) As nanozimas podem ser facilmente fabricadas e armazenadas durante longos períodos de tempo, o que reduz ainda mais o seu custo; (iii) As enzimas inorgânicas típicas requerem temperaturas elevadas, alta pressão e condições extremas de pH e, em contrapartida, as nanozimas podem funcionar em ambientes próximos das condições fisiológicas e responder a uma série de estímulos externos; (iv) A vantagem mais importante é a capacidade de atividade dependente do tamanho/composição, o que significa que as nanozimas podem ser concebidas com uma gama de atividade catalítica, bastando para tal variar a forma, a estrutura e a composição. Além disso, as nanozimas têm propriedades únicas em comparação com outras enzimas artificiais, incluindo multifunções integradas não relacionadas com a catálise. Outra vantagem é o facto de os materiais à escala nanométrica proporcionarem grandes áreas de superfície, permitindo uma maior facilidade de modificações adicionais e de bioconjugação. São também capazes de se auto-montarem e de imitarem uma estratégia importante, o que implica que os componentes biológicos podem ser facilmente incorporados na biologia.

3 Aplicações das nanozimas

As nanozimas, devido às suas propriedades únicas, têm uma vasta gama de aplicações, incluindo (i) medicina de diagnóstico, (ii) terapia direcionada e (iii) biossensorização. Uma vez que a capacidade de detetar a doença nas suas fases iniciais é muito importante para melhorar a eficiência clínica e obter melhores resultados, estão a ser concebidos biossensores, que são muito mais rápidos, fiáveis e muito sensíveis, utilizando nanozimas. Estes apresentam um desempenho muito melhor do que os métodos anteriores de diagnóstico de doenças através da tecnologia de biossensores que utilizam enzimas naturais, como as peroxidases de rábano, em bioensaios. As enzimas são úteis para catalisar reacções colorimétricas na presença de moléculas alvo. Substituindo as enzimas naturais por nanozimas capazes de imitar as suas actividades catalíticas, é agora possível fabricar biossensores muito mais rapidamente e com uma melhor relação custo-eficácia. Os investigadores criaram estratégias para melhorar as nanopartículas, em particular para as moléculas alvo, permitindo assim a sua utilização na medicina de diagnóstico e em tratamentos específicos. Curiosamente, o método acoplado à oxidase associa nanozimas que imitam a atividade semelhante à da peroxidase à oxidase para produzir, na presença da molécula alvo, a oxidação de substâncias colorimétricas que podem ser detectadas posteriormente. É de salientar que o método de modificação da superfície envolve o enxerto de um anticorpo na superfície da nanoenzima que possui a capacidade de especificar em relação aos antigénios, produzindo uma sonda específica do alvo.

4 Limitações das nanozimas e estudos futuros sobre investigação e desenvolvimento

Atualmente, a utilidade das nanozimas limita-se a imitar as enzimas naturais, especialmente as enzimas necessárias para as reacções redox. É necessária mais investigação sobre a mecânica das enzimas naturais para o desenvolvimento de modelos de enzimas artificiais mais racionais. Foi agora possível simular o local de atividade de uma enzima depois de analisar o local de atividade das enzimas peroxidase e de as enxertar numa superfície de óxido de ferro. Observou-se que a atividade semelhante à da peroxidase das nanopartículas de óxido de ferro permite a catálise da oxidação de substratos na presença de H2O2, com a vantagem adicional de um material biocompatível e magnético, que pode ser utilizado em teranóstica. (Teranóstica é o termo utilizado para descrever a combinação da utilização de um fármaco radioativo para identificar (diagnosticar) e de um segundo fármaco radioativo para administrar uma terapia destinada a tratar o tumor principal e quaisquer tumores metastáticos. O progresso contínuo na conceção teórica e computacional de proteínas levou ao desenvolvimento de proteínas úteis para a criação de novas nanozimas; e a conceção melhorada resultou no desenvolvimento de nanozimas, capazes de competir com enzimas naturais em termos de atividade catalítica e seletividade. Foi possível melhorar a especificidade através da utilização de ligandos de ligação ao substrato. Para refletir o funcionamento conjunto das enzimas naturais num ambiente confinado, são necessárias nanozimas capazes de catalisar reacções em cascata. Atualmente, os investigadores estão a trabalhar na regulação da atividade das nanozimas através de modificações na sua composição, incluindo as alterações do pH e da luz, que têm sido utilizadas com sucesso como moduladores, com as biomoléculas a desempenharem também um papel na adaptação do comportamento catalítico a diferentes ambientes.

5 Nanozimas vs Materiais Funcionais

Os materiais funcionais são definidos como os materiais que desempenham funções específicas para além de possuírem uma capacidade de carga e, ao contrário dos materiais mais tradicionais, como os metais, a cerâmica e os cimentos, muitos dos quais são utilizados há muito tempo em edifícios e ferramentas, só nas últimas 5-6 décadas desenvolveram um enorme significado económico, em muitos casos através de aplicações que não existiam antes da descoberta destes materiais. Por conseguinte, embora a necessidade básica de abrigo humano tenha dado origem a uma vasta gama de materiais aplicados à construção, foi apenas através da descoberta e aplicação de semicondutores e outros materiais funcionais que a nossa sociedade moderna baseada nas tecnologias da informação e da comunicação se pôde desenvolver. Os materiais funcionais são geralmente caracterizados como materiais que possuem propriedades nativas particulares e funções próprias, como a ferroeletricidade, a piezoeletricidade, o magnetismo ou as funções de armazenamento de energia. Os materiais funcionais encontram-se em todas as classes de materiais: cerâmicas, metais, polímeros e moléculas orgânicas. São diferentes dos materiais estruturais, que são selecionados pela sua capacidade de suportar cargas. Os materiais funcionais são caracterizados pela sua resposta a estímulos eléctricos, magnéticos, ópticos ou químicos. Devido às suas propriedades únicas, um material funcional é por vezes escolhido até por razões estéticas. É atualmente aceite que é muito mais difícil definir com precisão um material funcional do que distinguir um material estrutural. Outra classe de materiais em rápida evolução é um novo membro do grupo de materiais 2D promissores chamado MXene. Estes materiais apresentam muitas vantagens, incluindo a condutividade metálica, a elevada mobilidade dos portadores de carga, o hiato de banda sintonizável, a flexibilidade e a química de superfície diversificada, as propriedades ópticas e mecânicas favoráveis e, por conseguinte, devido a estas propriedades únicas, chamaram a atenção dos investigadores e dos académicos, o que resultou numa investigação intensiva sobre aplicações inovadoras do MXene, que foram comunicadas em vários domínios. Ao mesmo tempo, foram desenvolvidos nano-compósitos de MXene/polímero, tendo sido comunicados muitos resultados surpreendentes. No entanto, são raros os trabalhos sobre a situação e os progressos neste domínio. Já foi demonstrado que o MXene pode efetivamente melhorar as caraterísticas eléctricas, mecânicas e térmicas dos polímeros. As aplicações inovadoras e os resultados representativos dos compósitos nas áreas da biomedicina, deteção, energia, proteção electromagnética e outras caraterísticas foram resumidos na literatura.

No caso dos materiais funcionais quânticos, a teoria muda drasticamente. Para dar uma ideia da abordagem, tal como no caso dos cálculos da estrutura eletrónica de muitos corpos, os núcleos das moléculas ou aglomerados tratados são vistos como fixos, gerando um potencial externo estático V, no qual os electrões se movem. Subsequentemente, um estado eletrónico estacionário é descrito por uma função de onda $\Psi(r_1, \ldots, r_N)$ que satisfaz a equação de Schrodinger independente do tempo de cada eletrão, a qual, para o sistema de N electrões, é resolvida em termos de H , o Hamiltoniano, E, a energia total, T, a energia cinética, V, a energia potencial do campo externo devido aos núcleos carregados positivamente, e U , a energia de interação eletrão-eletrão; os operadores T e U são chamados operadores universais, uma vez que são os mesmos para qualquer sistema de N electrões, enquanto V depende do sistema.

A nanofónica trata dos estudos e aplicações da técnica de confinamento do campo eletromagnético (EM) numa dimensão ~ ou < o comprimento de onda. Um plasmon é considerado como um quantum de oscilação do plasma, sob a forma de uma quasipartícula resultante da quantização das oscilações do plasma, tal como acontece com os fotões e os fónons, que são devidos respetivamente à quantização das vibrações electromagnéticas e mecânicas, embora o fotão tenha um carácter diferente, o de uma partícula elementar. Deste modo, são apenas as oscilações colectivas da densidade do gás de electrões livres, na gama de frequências ópticas. Os plasmões de superfície são os plasmões confinados às superfícies, capazes de interagir fortemente com a luz, dando origem a um polaritão, e ocorrem na interface entre o vácuo e um material com uma constante dieléctrica imaginária positiva pequena e uma constante dieléctrica real negativa grande. Embora os fotões se possam mover num computador muito mais rapidamente do que os electrões, a desvantagem é que têm de ser utilizados componentes ópticos muito maiores do que os dos circuitos convencionais, uma vez que o seu tamanho depende do comprimento de onda da luz utilizada. No entanto, no caso dos polaritões de plasmon de superfície, os sinais viajam à velocidade da luz ao longo das guias de onda metálicas. O problema encontrado neste caso foi que os polaritões de plasmon de superfície se difractam à medida que viajam sobre o metal, degradando assim a qualidade dos sinais transportados. A solução para este problema reside no facto de um feixe de plasmon Cosine-Gauss ser uma onda de superfície localizada de longo alcance e não difractora. A plasmónica é considerada uma onda invulgar e peculiar que não sofre difração e, por isso, não se espalha ao viajar, podendo assim ser utilizada em chips de computador rápidos, usando feixes de luz para transportar e processar dados. De facto, já foi desenvolvida uma onda electromagnética que pode viajar cerca de 80 micrómetros em linha reta sem se difratar. Esta onda electromagnética forma-se quando a luz atinge a superfície de um metal, criando assim ondulações, chamadas plasmões de superfície, no mar de electrões do metal. Estes plasmões de superfície podem acoplar-se à luz que entra para criar ondas electromagnéticas, aderindo firmemente à superfície do metal enquanto viajam, chamadas polaritões de plasmon de superfície, que são, de facto, ondas com comprimento de onda inferior ao da luz e, consequentemente, mais adequadas como portadores de dados. Foi sublinhado que, para além de criar computadores mais rápidos e mais eficientes do ponto de vista energético, estes feixes podem também ser utilizados para aprisionar e, consequentemente, manipular as nanopartículas. A energia plasmónica no modelo de electrões livres é dada pela seguinte equação:

$$Ep = (h/2\pi) . (ne2/m\ \varepsilon o)1/2 = (h/2\pi).\ \omega p \quad \text{----} \quad (1),$$

em que n é a densidade de electrões de condução, e é a carga do eletrão, m é a massa do eletrão, eo é a permissividade do espaço livre, h é a constante de Planck e op é a frequência do plasmon. Uma vez que os plasmões têm caraterísticas especiais de poderem interagir fortemente com a luz, têm um papel importante a desempenhar nas propriedades ópticas dos metais, com base no valor da frequência plasmónica. Enquanto a luz de frequência inferior a esta frequência é obviamente reflectida, devido ao facto de os electrões do metal filtrarem a luz, a luz de frequência superior a esta frequência é transmitida, uma vez que os electrões não conseguem responder com rapidez suficiente para a filtrar. A frequência do plasma situa-se na região do UV para a maior parte dos metais, pelo que estes apresentam um brilho brilhante na gama do visível. Os casos do Cu e do Au são diferentes, uma vez que têm transições electrónicas interbanda na gama do visível, resultando na absorção de determinadas cores, o que faz com que estes metais produzam cores específicas. Esta propriedade levou à utilização dos plasmões de superfície para controlar as cores dos materiais, uma vez que os tipos de plasmões de superfície, que se podem acoplar e propagar através dela, dependem da forma e do tamanho da partícula, podendo ambos ser controlados para obter as cores desejadas. Atualmente, as nanopartículas metálicas de tamanho fixo são utilizadas para dar a cor vibrante desejada ao vidro, através da interação com o campo ótico. No entanto, trata-se de uma proposta difícil, uma vez que a produção de efeitos plasmónicos de superfície de alcance ótico exige o fabrico de superfícies com caraterísticas inferiores a 400 nm, que, apesar de difíceis, já foram fabricadas com boa repetibilidade e estão também disponíveis comercialmente. O tema da plasmónica e os tópicos relacionados atraíram recentemente a atenção de vários investigadores [2-6]. Também apareceram recentemente vários livros de qualidade [7-9] sobre este assunto.

Com o advento da Spintrónica, é possível pensar numa nova dimensão para os materiais funcionais. Os materiais spintrónicos, ao aplicarem um campo elétrico, alteram o seu spin líquido, o que pode ser utilizado em muitos domínios, incluindo a computação e o armazenamento de energia. Um aspeto interessante destes dispositivos é o facto de, combinando estes materiais com a Termodinâmica Quântica, ser possível produzir energia renovável sob a forma de energia ambiente, um domínio com grande potencial de produção de energia, e o dispositivo para o efeito pode ser designado por motor Spin. É muito necessário que alguns grupos de institutos de investigação de primeira linha efectuem estudos teóricos e experimentais aprofundados neste domínio em evolução. A spintrónica evoluiu recentemente como um ramo (16) da eletrónica. Devido à grande importância deste tópico, tem sido aplicado a um grande número de tópicos (17-27). Deste modo, pode afirmar-se com segurança que as nanozimas são algo semelhantes, uma vez que ambas têm caraterísticas bastante diferentes dos materiais convencionais e também porque estas caraterísticas podem ser drasticamente alteradas através da modificação de certos parâmetros, por exemplo, o spin dos electrões nos materiais funcionais spintrónicos. Além disso, os nanomateriais funcionais têm caraterísticas semelhantes às das enzimas.

6 Estudos importantes recentes sobre nanozimas

Ai et al (28) discutiram os Avanços Recentes em Nanozimas: From Matters to Bioapplications, A investigação e o desenvolvimento de materiais biónicos para simular os seus homólogos naturais têm atraído a atenção dos cientistas. Como um dos materiais biomiméticos, o desenvolvimento de enzimas artificiais está a ser intensamente procurado. Sendo um tipo de enzima artificial, as nanozimas destinam-se a ultrapassar as limitações das enzimas naturais. Recentemente, devido ao rápido desenvolvimento da nanotecnologia, da biotecnologia, da ciência da catálise, da conceção computacional e do cálculo teórico, a investigação sobre nanozimas evoluiu e registou grandes progressos. Os autores destacaram estas realizações e ajudaram os investigadores a compreender o estado atual da investigação sobre nanozimas, o desenvolvimento de ponta em nanozimas, desde os materiais de fabrico até às bioaplicações. Foram discutidas várias matérias-primas, incluindo matérias-primas à base de metais, sem metais, à base de estruturas metal-orgânicas e outras matérias novas, com aplicações para o fabrico de nanozimas. Foram também discutidos os diferentes tipos de actividades catalíticas de nanozimas semelhantes a enzimas. Além disso, foram descritas as vastas aplicações dos nanozimas, como a anti-oxidação, a cura de doenças, a anti-bactéria, a bio-sensorização e a bioimagem. Por último, foram delineados os actuais desafios enfrentados pelas nanozimas e apresentadas as futuras direcções para o avanço da investigação sobre nanozimas.

Wu et al (29) estudaram nanomateriais com caraterísticas semelhantes às das enzimas (nanozimas). As nanozimas são nanomateriais com caraterísticas semelhantes às das enzimas (Chem. Soc. Rev., 2013, 42, 6060-6093), que foram desenvolvidos para ultrapassar as limitações das enzimas naturais e das enzimas artificiais convencionais. Para além dos avanços consideráveis em nanotecnologia, biotecnologia, ciência da catálise e design computacional, foram alcançados grandes progressos no domínio das nanozimas desde a publicação da revisão global acima referida em 2013.

A natureza fornece um modelo formidável para a conceção de novos catalisadores de metais não nobres. Fraiche et al (30) analisaram e sensibilizaram para a conceção geral comum e para os princípios de funcionamento dos catalisadores, incorporando aspectos da biologia, da química e das ciências dos materiais, tendo salientado que a conceção de catalisadores heterogéneos contendo metais não nobres para a ativação de pequenas moléculas é da maior importância para fins domésticos e de investigação. Embora a natureza possua mecanismos muito sofisticados para efetuar tais conversões, são raros os materiais catalíticos concebidos de forma racional. Fraiche et al (30) chamaram a atenção para a conceção global comum e para os princípios de funcionamento dos catalisadores, incorporando aspectos da biologia, da química e das ciências dos materiais.

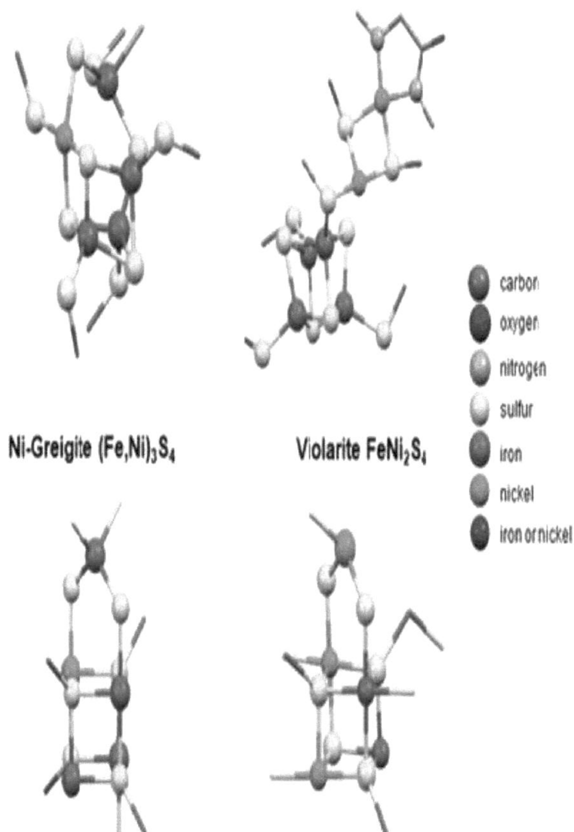

Fig. 3 Ilustração dos princípios de funcionamento dos catalisadores que incorporam aspectos da biologia, da química e das ciências dos materiais. Figura cortesia de Fraiche Moller, Stefan Piontek, Reece G. Miller, Dr. Ulf-Peter Apfel, From Enzymes to Functional Materials-Towards Activation of Small Molecules, Chemistry - A European Journal, Volume 24, Número 7 p. 1471-1493.

Os nanomateriais com atividade semelhante à das enzimas têm sido objeto de trabalho intensivo por parte de cientistas e tecnólogos para substituir as enzimas naturais em vários domínios, incluindo a investigação biológica, a produção industrial, a medicina e a proteção do ambiente. A maior parte dos progressos neste domínio tem-se centrado na conceção racional de sítios activos de um único átomo, no conhecimento da estrutura atómica subjacente e em modelos teóricos ab initio da configuração eletrónica no sítio ativo. Por conseguinte, é possível que a próxima geração de nanozimas apresente uma eficiência catalítica e uma especificidade de substrato ainda melhores. No entanto, a natureza dinâmica da gaiola proteica que envolve a maioria dos sítios activos das enzimas biológicas acrescenta uma funcionalidade flexível, o que constitui um desafio para a imitação das nanozimas pelos seus homólogos naturais. Goya et al (31) apresentaram uma perspetiva sobre o rumo que as principais estratégias para melhorar as nanozimas estão a tomar e identificaram alguns dos grandes desafios que se colocam no caminho para um melhor desempenho. Song et al (32) discutiram os nanomateriais funcionais com caraterísticas únicas semelhantes às das enzimas para aplicações de deteção.

Han et al (33) estudaram as nanozimas multifuncionais para o diagnóstico e a terapia de doenças. Salientaram que (i) o desenvolvimento da nanotecnologia trouxe avanços revolucionários no diagnóstico e na terapêutica das doenças; e (ii) entre eles, os nanomateriais multifuncionais com actividades semelhantes às das enzimas (ou seja, nanozimas) apresentam uma elevada estabilidade, uma grande área de superfície para bioconjugação e um armazenamento fácil, oferecendo oportunidades sem precedentes para o diagnóstico e o tratamento de doenças. Uma vez que os últimos anos testemunharam o grande progresso da teranóstica baseada em nanozimas, para realçar estas realizações, a sua revisão começa por apresentar os recentes avanços das nanozimas na biossensorização e no diagnóstico e, em seguida, resume as aplicações das nanozimas na terapêutica, incluindo o tratamento antitumoral e antibacteriano, o tratamento anti-inflamatório e o tratamento de outras doenças. Além disso, foram discutidas várias estratégias específicas para melhorar a eficácia terapêutica das nanozimas. Por último, foram destacadas as oportunidades e os desafios no domínio do diagnóstico e da terapia.

O seu sistema de deteção de amplificação de sinal com nanocatalisadores é apresentado na Figura 4.

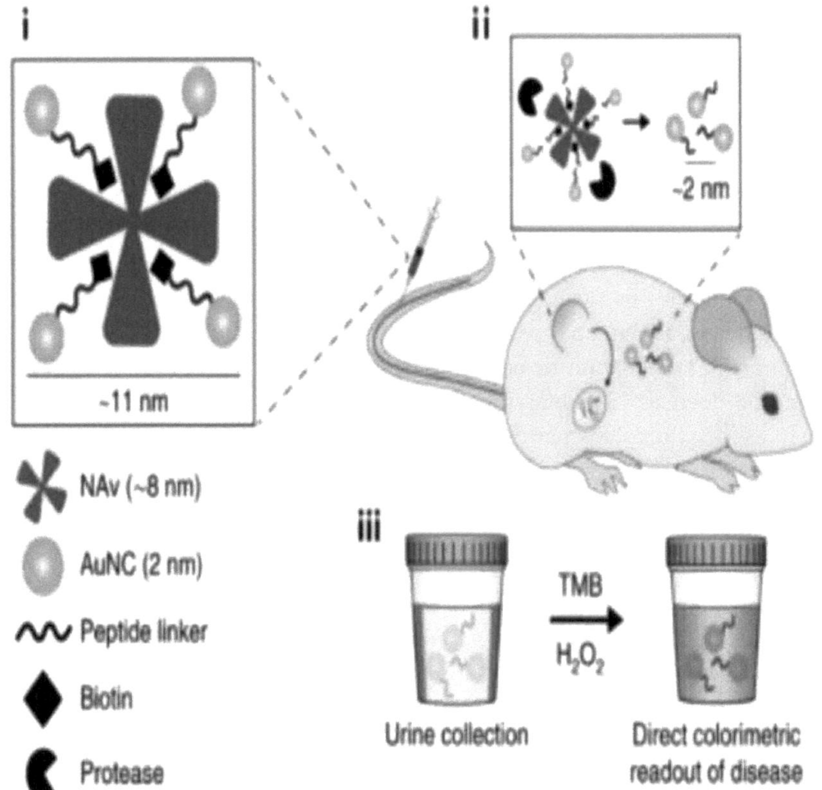

Fig. 4 Um sistema de deteção de amplificação de sinal de nanocatalisador: (i) Os AuNC catalíticos foram ligados a uma estrutura de proteína NAv *através de* um ligante peptídico biotinilado clivável por protease. (ii) O AuNC-NAv pode ser especificamente desmontado quando exposto às proteases desreguladas relevantes no local da doença e injetado i.v. Após a clivagem da protease (em cima), os AuNCs libertados (~2 nm) foram filtrados *através dos* rins e para a urina. (iii) Deteção da urina depurada através da medição da capacidade das AuNCs para oxidar um agente cromogénico

Figura cortesia de Han Qingzhi , Huang Di, Li Sijie , Xia Bing e Wang Xiaoyu, Multifunctional nanozymes for disease diagnosis and therapy, Biomedical Journal, Available online 24 January 2024, 100699.

Os AuNCs catalíticos foram ligados a uma estrutura de proteína NAv através de um ligante peptídico biotinilado que pode ser removido por protease.

Gomma (34) falou das nanozimas como um "horizonte promissor para aplicações médicas e ambientais", afirmando que as nanozimas, com propriedades físico-químicas únicas das nanopartículas e propriedades catalíticas que imitam as enzimas, atrairão um vasto interesse dos cientistas e oferecerão estratégias promissoras para o diagnóstico e o tratamento de muitas doenças e para o tratamento dos actuais problemas ambientais. Singh et al (35) discutiram "Science of The Total Environment, Nanozyme-based pollutant sensing and environmental treatment: Trends, challenges, and perspectives" (Tendências, desafios e perspectivas). As nanozimas são definidas como nanomateriais que apresentam propriedades semelhantes às das enzimas e têm funções catalíticas e caraterísticas físico-químicas únicas dos nanomateriais. Devido à sua excelente estabilidade e melhor atividade catalítica em comparação com as enzimas naturais, as nanozimas foram estabelecidas como uma ampla base para aplicações na monitorização e remediação de poluentes ambientais. Foi salientado que (i) as nanozimas têm sido aplicadas na deteção de iões de metais pesados, moléculas e compostos orgânicos, tanto quantitativa como qualitativamente; e (ii) no ambiente natural, as nanozimas podem ser utilizadas para a degradação de poluentes orgânicos e persistentes, tais como antibióticos, fenóis e corantes têxteis. Sundaram (36) publicou recentemente um livro muito útil sobre Nanozimas: Advances and Applications, que apresenta os avanços e aplicações mais recentes das nanozimas, o ramo recentemente desenvolvido da enzimologia que sintetiza e utiliza nanomateriais que imitam a função das enzimas tradicionais. Recentemente, o estudo das nanozimas tem crescido rapidamente, tendo sido identificados muitos novos nanomateriais que exibem acções enzimáticas, juntamente com novas aplicações para o seu uso prático. Este livro descreve o trabalho de especialistas de todo o mundo e fornece uma análise aprofundada e uma visão de vanguarda das nanozimas, tendo em vista as suas aplicações actuais e futuras. Zhang et al (37) discutiram os avanços nas nanozimas organometálicas/orgânicas e as suas aplicações. Conforme referido, as nanozimas, enzimas artificiais da próxima geração, são nanomateriais com caraterísticas semelhantes às das enzimas e têm sido amplamente utilizadas na deteção, diagnóstico de doenças, terapia biológica e outros domínios, incluindo nanozimas organometálicas/orgânicas com organometálicos/orgânicos como sítios catalíticos, que têm uma atividade catalítica melhorada devido à sua elevada densidade de sítios catalíticos. Zhang et al (37) analisaram os progressos da investigação sobre nanozimas organometálicas/orgânicas nos últimos anos. As nanozimas organometálicas/orgânicas são classificadas de acordo com os tipos de sítios catalíticos. Salientaram que as aplicações das nanozimas organometálicas/orgânicas na deteção, imagiologia, terapia, filtro, sensor e bateria foram introduzidas. Por último, foram debatidos os desafios e as oportunidades futuras neste domínio, sendo o resumo gráfico apresentado a seguir:

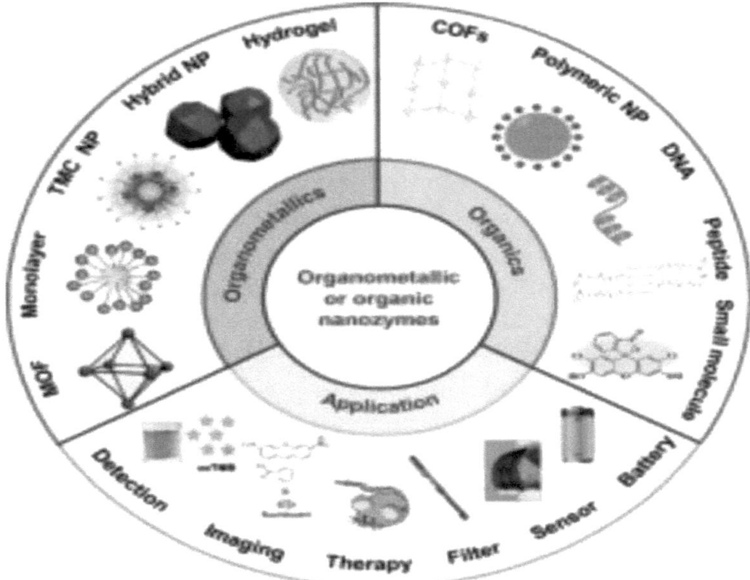

Fig. 5 Resumo gráfico de Advances in organometallic/organic nanozymes, and their applications (Avanços em nanozimas organometálicas/orgânicas e suas aplicações). Figura cortesia de Zhang Xiaojin , Lin Shijun , Liu Shuwen , Tan Xiaoling , Dai Yu , e Xia Fan , Advances in nanozimas organometálicas/orgânicas, e suas aplicações, Coordination Chemistry Reviews, Volume 429, 15 de fevereiro de 2021, 213652.

Assim, pode concluir-se que o tema das nanozimas está a ganhar forma e a evoluir rapidamente. É evidente que estão a ser desenvolvidos muitos esforços de investigação úteis para encontrar novas aplicações de nanozimas em vários domínios.

Referências

(1) Lin Y., Ren, J., e Qu X., Catalytically active nanomaterials, A promising candidate for artificial enzymes. Acc. Chem. Res. 2014, 47, 1097-1105.

(2) Wu J., Wang X., Wang Q., Lou Z., Li S., Zhu Y., Qin L., e Wei H., Nanomateriais com caraterísticas semelhantes às das enzimas (nanozimas): enzimas artificiais da próxima geração (II). Chem. Soc. Rev. 2019, 48, 1004-1076.

(3) Korschelt K., Muhammad N. T., e Wolfgang T., A step into the future: applications of nanoparticle enzyme mimics. Chem. r Eur. J., 2018, 24, 9703-9713.

(4) Jiang, B., Duan D., Gao L., Liang M., e Yan X., Ensaios normalizados para

determinar a atividade catalítica e a cinética de nanozimas semelhantes à peroxidase. Nat. Protoc. 2018, 13, 1506-1520.
(5) Fan K., Wang H., Xi J. Q., Liu Q., Meng X., Duan D., Gao L., e Yan X., Otimização da atividade da nanoenzima Fe3O4 através da modificação de um único aminoácido que imita o sítio ativo de uma enzima. Chem. Commun.2017, 53, 424-427.
(6) Xu B., Wang H., Wang W., Gao L., Chen S., Shi X., Fan K.,
Yan X., e Liu H. , nanoenzima de um só átomo para tratamento antibacteriano de feridas
aplicações. Angew. Chem., Int. Ed. 2019, 58, 4911-4916.
(7) Dydio P., Key H. M., Nazarenko A., Rha Y. E., Seyedkazemi V. e Clark D. S., Uma metaloenzima artificial com a cinética de enzimas nativas. Ciência 2016, 354, 102-106.
(8) Zhang Q., He X., Han A., Tut Q., Fang G., Liu J., Wang S. e Li H., Hidrolase artificial baseada em nanotubos de carbono conjugados com peptídeos. Nanoscale 2016, 8, 16851-16856.
(9) 9) Lin T., Zhong L., Wang J., Guo L., Wu H., Guo Q., Fu F., e Chen G., Graphite-like carbon nitrides as peroxidase mimetics and their applications to glucose detection. Biosens. Bioelectron. 2014, 59, 89-93.
(10) Xu Z., Lan J., Jin J., Dong P., Jiang F., and Liu Y., Highly photoluminescent nitrogen-doped carbon nanodots and their protective effects against oxidative stress on cells. ACS Appl. Mater. Interfaces 2015, 7, 28346-28352.
(11) Hu Y., Gao X., Zhu Y., Muhammad F., Tan S., Cao W., Lin S., Jin Z., Gao X., e Wei H. , Nanomateriais de carbono dopados com azoto como mímicos da peroxidase altamente activos e específicos. Chem. Mater. 2018, 30, 6431-6439.
(12) Fan K., Xi J., Fan L.; Wang P., Zhu C., Tang Y., Yan, X., e Gao, L. Nanozima de carbono dopada com azoto orientada in vivo para a terapia catalítica de tumores. Nat. Commun. 2018, 9, 1440-1450.
(13) Sang Y., Huang Y., Li W., Ren J., e Qu X., Bioinspired design of Fe3+-doped mesoporous carbon nanospheres for enhanced nanozyme activity. Chem. - Eur. J. 2018, 24, 7259-7263.
(14) Mu J., Li J., Zhao X., Yang E. e Zhao X., nitreto de carbono grafítico dopado com cobalto com atividade semelhante à peroxidase aprimorada para tratamento de águas residuais. RSC Adv. 2016, 6, 35568-35576.
(15) Li F., Li T., Sun C., Xia J., Jiao Y., e Xu H., Pontos quânticos de carbono dopados com selénio para a eliminação de radicais livres. Angew. Chem. 2017,129, 10042-10046.

(16) Chopra Kamal Nain , Spintronics - Theoretical Analysis and Designing of Devices based on Giant Magneto resistance, DESIDOC Monograph Series, DRDO, Ministério da Defesa, Governo da Índia, 2019.

(17) Chopra Kamal Nain , 2013 A Technical Note on Spintronics (An Off - shoot of Electronics) - its Concept, Growth and Applications, Atti Fond G. Ronchi, ITALY, 68 293-303.

(18) Chopra Kamal Nain, 2013 Uma breve nota sobre os semicondutores orgânicos e as suas aplicações técnicas na spintrónica, Lat Am J Phys E, 7 674679.

(19) Chopra Kamal Nain, 2013 Novos materiais e sua seleção para a conceção e fabrico de dispositivos spintrónicos - uma nota técnica, Atti Fond G. Ronchi, 68 673-680.

(20) Li X. X., Wu X. J. e Yang J. L., 2013 Controlo da rotação numa liga de La(Mn,Zn)AsO por dopagem de portadores, J Mater Chem C, 1 7197201.

(21) Zhang J. H.. Li X. X., e Yang J. L., 2015 Controlo elétrico da orientação de spin dos portadores na liga FeVTiSi Heusler, J Mater Chem C, 3 25637.

(22) Chopra Kamal Nain, 2014 Aspectos matemáticos dos modelos de fenómenos relacionados com o spin e os critérios associados para a spintrónica, Lat Am J Phys E, 8 4313-1 - 4313-6.

(23) Chopra Kamal Nain, 2014 Uma breve revisão sobre a conceção e o fabrico de dispositivos spintrónicos, Atti Fond G. Ronchi, ITÁLIA, 69 , 223-234.

(24) Hals K.M.D. , Tserkovnyak Y., e Brataas A., 2011 Fenomenologia da dinâmica induzida por corrente em antiferromagnetos, Phys Rev Lett,106 107206.

(25) . Gomonay H. e Loktev V., 2013 Teoria hidrodinâmica da dinâmica acoplada de corrente e magnetização em antiferromagnetos com textura de spin, arXiv:1305.6734.

(26) . Gomonay E.V. e Loktev V.M., 2014 Spintrónica de sistemas antiferromagnéticos (Artigo de Revisão) Low Temp Phys, 40 1735.

(27) Chopra Kamal Nain, 2020 Recent Novel Advances in Harnessing Energy, Conferência e Exposição Europeia sobre Biomassa, Marselha, França,.

(28) Ai Ionian, Hu Ze-Nan, Liang Xiaoping, Sun Hong-bin, Xin Hongbo e Liang Qionglin, Avanços recentes em nanozimas: From Matters to Bioapplications, Advanced Functional Materials, 2110432, Primeira publicação: 16 de dezembro de 2021.

(29) Wu Jiangjiexing , Wang Xiaoyu , Wang Quan, Lou Zhangping, Li Sirong ,Zhu Yunyao , Li Qin, e Wei Hui , Nanomateriais com caraterísticas semelhantes a enzimas (nanozimas): enzimas artificiais de próxima geração (II),

Chem Soc Rev, . 2019 Feb 18;48(4):1004-1076. doi: 10.1039/c8cs00457a.
(30) Fraiche Moller,Stefan Piontek, Reece G. Miller,Dr Ulf-Peter Apfel, From Enzymes to Functional Materials-Towards Activation of Small Molecules, Chemistry - A European Journal, Volume 24, Issue 7 p. 1471-1493; Primeira publicação: 17 de agosto de 2017 https://doi.org/10.1002/chem.201703451.
(31) Goya G.F. , Mayoral A., Winkler E., Zysler R.D., Bagnato C., Raineri M., Fuentes-Garda J.A., e Lima E. Jr., Next generation of nanozymes: A perspective of the challenges to match biological performance, Journal of Applied Physics 130, 190903
(2021); https://doi.org/10.1063/5.0061499.
(32) Song W, Zhao Bing, Wang Ce, Ozaki Yukihiro e Lu Xiaofeng, Functional nanomaterials with unique enzyme-like characteristics for sensing applications, Journal of Materials Chemistry B, 6 de junho de 2019.
(33) Han Qingzhi , Huang Di, Li Sijie , Xia Bing , and Wang Xiaoyu, Multifunctional nanozymes for disease diagnosis and therapy, Biomedical Journal, Available online 24 January 2024, 100699.
(34) Gomaa, E.Z. Nanozymes: Um horizonte promissor para aplicações médicas e ambientais. J Clust Sci 33, 1275-1297 (2022). **https://doi.org/10.1007/s10876-021-02079-4.**
(35) Singh Ragini , Umapathi Akhela, Patel Gaurang , Patra Chayan ,Malik Uzma , Bhargava Suresh K. , and Daima Hemant Kumar, Science of The Total Environment, Nanozyme-based pollutant sensing and environmental treatment: Trends, challenges, and perspectives, Volume 854, 1 de janeiro de 2023, 158771.
(36) Sundaram Gunasekaran, Nanozymes: Avanços e Aplicações, 1ª Edição - 29 de janeiro de 2024, ISBN-13: 978-0367623883 ISBN- 10: 0367623889
(37) Zhang Xiaojin, Lin Shijun, Liu Shuwen, Tan Xiaoling, Dai Yu e Xia Fan, Advances in organometallic/organic nanozymes, and their applications, Coordination Chemistry Reviews, Volume 429, 15 de fevereiro de 2021, 213652.

Nanomateriais para aplicações biomédicas

1.1 Dispositivos nanosintrónicos e aplicações de computação quântica e microscopia laser

Na Nano-Spintrónica, a tónica é colocada na investigação fundamental nas três áreas da spintrónica baseada em metais, semicondutores e moléculas/átomos, com o objetivo visionário de desenvolver dispositivos spintrónicos à escala nanométrica baseados num conhecimento pormenorizado das interações e processos atomísticos subjacentes dependentes do spin.

A spintrónica utiliza o grau de liberdade do spin do eletrão para realizar dispositivos electrónicos e funcionalidades que não podem ser alcançados apenas com o grau de liberdade da carga do eletrão. As actividades de investigação recentes centram-se em novos efeitos de spin em estruturas magnéticas, não magnéticas e nanoestruturas. O principal instrumento experimental é um crióstato com um íman de campo vetorial e acesso elétrico por micro-ondas. Direção do campo magnético efetivo devido à interação spin-órbita observada em GaMnAs, como se mostra abaixo (Fig.1):

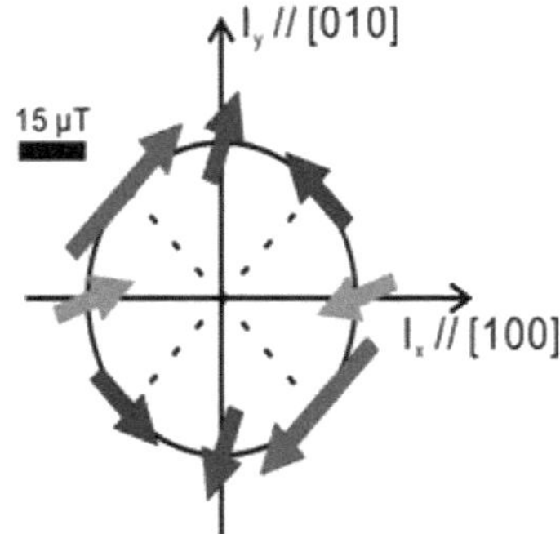

FIG. 1.1 Direção do campo magnético efetivo devido à interação spin-órbita no GaMnAs.

Ao explorar os conceitos e as aplicações da spintrónica, os investigadores estão interessados em estudar o papel da interação spin-órbita nos dispositivos ferromagnéticos e têm-se concentrado recentemente nos efeitos spin-órbita nos semicondutores ferromagnéticos. Sabe-se que a interação spin-órbita associa o momento dos portadores de carga, e portanto a corrente eléctrica, ao spin do portador. Assim, ao fazer passar uma corrente de micro-ondas através de um dispositivo, é induzida uma polarização oscilatória do spin, o que faz com que, através da interação de troca, actue um binário sobre os momentos magnéticos. Assim, é possível excitar a precessão ressonante dos momentos magnéticos, proporcionando uma forma de estudar a interação spin-órbita e as propriedades dinâmicas dos ferromagnetes à nanoescala.

Compreende-se agora que, à medida que a spintrónica entra na fase da nano, novos fenómenos são observados em resultado da interação entre o transporte dependente do spin e a física dos electrões. Seneor et al (1) apresentaram uma descrição pormenorizada das experiências e teorias sobre a interação entre o bloqueio de Coulomb e as propriedades de spin em estruturas em que um único nanoobjecto está ligado a condutores ferromagnéticos. Kervalishvilia e Lagutinb (2) descreveram em grande pormenor as importantes descobertas no importante e evolutivo tema dos nanomateriais semicondutores, que representa uma área de investigação emergente no fabrico de dispositivos através da utilização de materiais com o transporte spin-polarizado dos portadores de carga. Mais recentemente, tal como referido por Chopra (3-6), foram envidados muitos esforços no sentido de realizar investigações teóricas e experimentais sobre dispositivos spintrónicos. O tema da nanoespintrónica centra-se no estudo de novos efeitos spintrónicos em nanoestruturas semicondutoras pequenas, magnéticas e não magnéticas. A ressonância ferromagnética (FMR), que utiliza spin-órbita, foi estabelecida como a técnica para caraterizar ferromagnetos e avaliar os campos magnéticos internos e o amortecimento. Fang et al (7) demonstraram uma nova forma de excitar a FMR utilizando campos internos gerados pela interação spin-órbita.

1.2 Nanospintrónica e modelização matemática

Na nanoespintrónica para materiais semicondutores magnéticos como o GaMnAs, quando uma corrente passa através desse material, ocorre uma polarização dos portadores devido à interação spin-órbita, porque os momentos magnéticos experimentam um binário como resultado do acoplamento de troca entre os momentos e os portadores. Em seguida, a excitação da precessão ressonante ocorre pelas oscilações da corrente na frequência ressonante dos momentos magnéticos, e a deteção do sinal por um processo de retificação produzido pela resistência magnética. Posteriormente, a tensão de retificação resultante é estudada para determinar a anisotropia, o amortecimento intrínseco e extrínseco, e a magnitude e direção dos campos efectivos no material. As formulações matemáticas para a análise e otimização do desempenho de alguns dos dispositivos nanofintrónicos importantes são discutidas tecnicamente a seguir:

As junções de túnel magnético duplo são calculadas e optimizadas através da avaliação da dependência da temperatura da condutância G (8), e da descrição da dependência da temperatura de G na presença do Efeito Kondo. As investigações teóricas e experimentais revelaram que a parte da condutância dependente da temperatura é :$G \sim T^{(.2)}$ $para T << T_K$ i.e. comportamento de líquido de Fermi, e$G \sim (-\ln T)$ $quando T > T_K$; T_K sendo a temperatura correspondente ao Efeito Kondo. No caso das temperaturas intermediárias, ela é dada por:

$$G(t) = G_0 \{ \frac{(T'_K)^2}{T^2 + (T'_K)^2} \}^S \text{ --- (1),}$$

onde

$$G_0 = 2G(T_K) \text{ , and}$$

$$T'_K = \{ \frac{T_K}{(2^{\frac{1}{S}} - 1)} \} \text{ ,}$$

e

sendo o parâmetro que depende do spin da impureza no efeito Kondo. A dependência da temperatura da condutância G , é avaliada, tanto para o caso normal como também na presença do efeito Kondo. O projetista tem de considerar estes factores e escolhê-los de acordo com a aplicação do dispositivo e a gama de temperaturas da sua aplicação.

No caso da injeção de spin, a magnitude (P) da polarização de spin do conjunto diminui com o tempo(τ) , bem como com a distância (d) medida a partir do ponto de injeção (neste caso, d é a distância entre o injetor e o detetor). Verifica-se que o decaimento segue uma forma exponencial e, por conseguinte, o comprimento de relaxação/difusão do spin (ou tempo de relaxação/difusão do spin) é convenientemente definido como a distância (duração) durante a qual a polarização do spin se reduz a $(1/e)$ vezes o seu valor inicial. Assim, é evidente que o caso com$L >> L_s$ (or $\tau << \tau_S$), , implica a perda completa da polarização do spin, $_{SS}$

o que significa que o fenómeno de relaxação dos spins no paramagneto tende a fazer com que a polarização dos spins fora do equilíbrio volte à condição de equilíbrio não polarizada. Como sabemos que a spintrónica explora a polarização de spin não nula, o projetista de dispositivos nano-sintrónicos tem de otimizar estes parâmetros de modo a maximizar a eficiência do dispositivo para aplicações importantes na indústria e, especialmente, para a realização de investigação nas principais áreas do campo e nos estabelecimentos.

Para a injeção de spin de um ferromagneto para um paramagneto através de uma barreira interfacial, a eficiência da injeção de spin(η) pode ser expressa como uma média ponderada das polarizações de condutividade do ferromagneto em bloco $(P_{\sigma F})$, da interface $(P_{\sigma i})$ e do paramagneto em bloco $(P_{\sigma N})$. A última quantidade $(P_{\sigma N})$ é zero por definição e os pesos são proporcionais às resistências correspondentes. A eficiência da injeção de spin (η) é dada (9) por:

$$\eta = \{\frac{(r_F P_{\sigma F} + r_i P_{\sigma i})}{(r_F + r_i + r_N)}\} \quad \text{----- (2),}$$

em que r_F, r_i, e r_N representam a resistência efectiva da massa.

O spin do eletrão é uma propriedade intrínseca que é diferente do momento angular devido ao seu movimento orbital. Em muitos materiais, observa-se que os spins dos electrões estão igualmente presentes tanto no estado "up" como no estado "down", e que nenhuma propriedade de transporte depende do spin. Pode ser claramente visualizado que um dispositivo spintrónico requer a geração ou manipulação de uma população de electrões com spin polarizado, resultando num excesso de spin up ou spin down. Assim, uma polarização de spin líquido pode ser obtida criando uma divisão de energia de equilíbrio entre spin up e spin down. Isto é conseguido através de: colocação de um material num grande campo magnético, troca de energia presente num ferromagneto ou forçando o sistema a sair do equilíbrio.

1.3 Teoria da computação quântica com spins baseada em Qubits

Na computação quântica, as operações lógicas em spins individuais são realizadas utilizando campos eléctricos aplicados externamente, e as medições de spin são feitas utilizando correntes de electrões polarizados por spin. É interessante notar que a realização de um computador deste tipo depende de futuros aperfeiçoamentos da eletrónica convencional de silício. A computação quântica é feita através da utilização de uma arquitetura para implementações de semicondutores. O trabalho pioneiro realizado sobre este tema é bastante importante e relevante ainda hoje. As arquitecturas habitualmente utilizadas são as seguintes (Fig. 1.2)

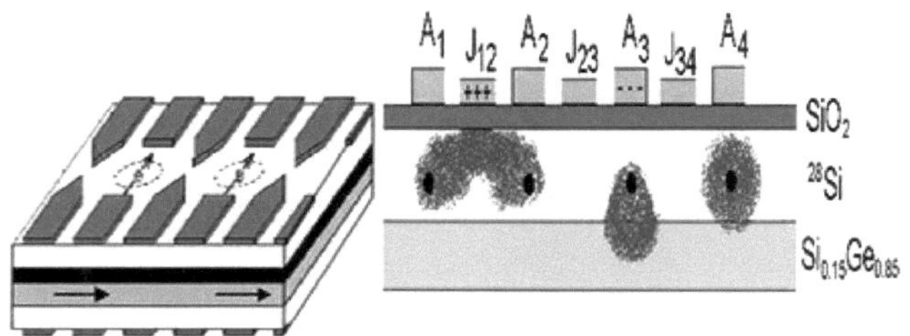

FIG. 1. 2 Arquitetura dos pontos quânticos de GaAs (esquerda). Figura cortesia de Loss K D. e DiVincenzo D. P., Phys. Rev. A 57, (1998) 120; Arquitetura dos dadores de silício (P) (direita) Figura cortesia de Kane B. E. A., Nature 393 (1998)133137.

A computação quântica com spins de electrões/nucleares é feita utilizando um qubit ideal dado por:

$$|\uparrow\rangle = |0\rangle$$
$$|\downarrow\rangle = |1\rangle$$

--- (3).

Neste qubit ideal, o spin na direção ascendente é tomado como zero e o spin na direção descendente é tomado como unidade. Deve ser entendido que na computação quântica, e especificamente no modelo de circuito quântico de computação, uma porta quântica (ou porta lógica quântica) é um circuito quântico básico que opera num pequeno número de qubits, que são os blocos de construção dos circuitos quânticos. No entanto, ao contrário de muitas portas lógicas clássicas, as portas lógicas quânticas são reversíveis. A interação é estudada em termos de dois tipos de portas representadas por: 1-qubit gate, que funciona para rotação de Spin, e é dada por:

$$|\uparrow\rangle \rightarrow \alpha|\uparrow\rangle + \beta|\downarrow\rangle$$

--- (4),

e porta de 2 qubits, que funciona para a interação de troca, e é dada por

$$\vec{S}_1 \cdot \vec{S}_2 \qquad \frac{|\uparrow\rangle - |\downarrow\rangle}{\sqrt{2}}|\uparrow\rangle \rightarrow \frac{|\uparrow\downarrow\rangle - |\downarrow\uparrow\rangle}{\sqrt{2}}$$

-----(5),

em $queS_1 .S_2$ é a interação de spin, sob a forma de uma interação de troca entre o primeiro e o segundo sítios

Finalmente, os algoritmos quânticos para realizar as funções de factorização e de pesquisa são representados por:

$$U_N \cdots U_1 \underbrace{|01\cdots 0\rangle}_{Input} = \sum_n a_n |n\rangle \xrightarrow{Measurement} \underbrace{|10\cdots 1\rangle}_{Output}$$

--- (6),

em que U é a porta U controlada, representada por:

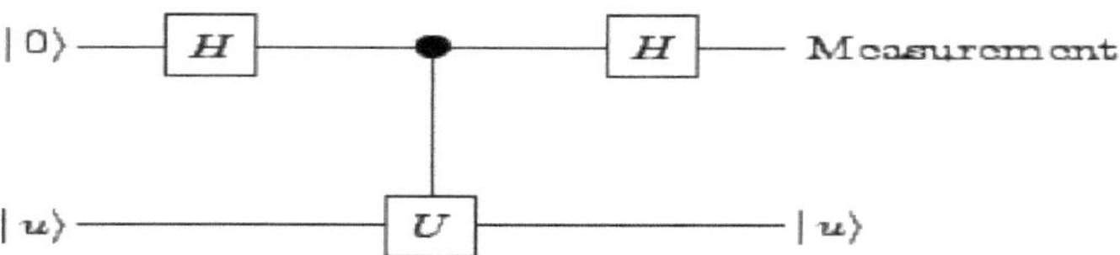

FIG. 1. 3 Diagrama de blocos para a Simulação dos Algoritmos de Factorização e Pesquisa por Quantum.

Pode ser entendido que a entrada na forma do primeiro termo no LHS desta Eqn. é igual ao termo médio, que na medição dá a saída na forma do termo no LHS desta Eqn. Além disso, $|u\rangle$ é um estado próprio de *U*, $|1\rangle$ sendo o componente no primeiro qubit.

A eletrónica atual utiliza a carga eletrónica como uma variável de estado para operações lógicas e de computação, que é frequentemente representada como tensão ou corrente. Nesta representação da variável de estado, os portadores de carga nos dispositivos electrónicos comportam-se de forma independente, mesmo em casos de poucos e únicos electrões. À medida que o escalonamento continua a reduzir o tamanho das caraterísticas físicas e a aumentar o rendimento funcional, as duas limitações mais notáveis e os principais desafios, entre outros, são a dissipação de energia e a variabilidade, tal como identificado pelo ITRS. Este artigo apresenta a exposição, na medida em que os fenómenos colectivos, por exemplo, a spintrónica, utilizando parâmetros de ordem adequados do momento magnético como variável de estado, podem ser considerados favoráveis para um novo paradigma de processamento da informação à temperatura ambiente. Será apresentada uma comparação entre a eletrónica e a spintrónica em termos de variabilidade e de flutuações quânticas e térmicas. Mostra-se que os benefícios da escalabilidade para tamanhos mais pequenos no caso da spintrónica (nanomagnética) incluem um problema de variabilidade muito reduzido em comparação com a eletrónica atual. Além disso, outra vantagem da utilização de nanomagnetos é a possibilidade de construir lógicas não voláteis, que permitem uma enorme poupança de energia durante o tempo de espera do sistema. No entanto, a maioria dos dispositivos com momento magnético utiliza normalmente corrente para os acionar e, consequentemente, a dissipação de energia é um problema importante. Discutiremos abordagens de utilização do controlo do campo elétrico do ferromagnetismo em semicondutores magnéticos diluídos (DMS) e em materiais ferromagnéticos metálicos. Com os DMSs, a transição mediada por portadores das fases paramagnéticas para as ferromagnéticas permite que os dispositivos funcionem de forma muito semelhante aos transístores de efeito de campo, com a vantagem da não volatilidade proporcionada pelo ferromagnetismo. Em seguida, descreveremos novas possibilidades de utilização do campo elétrico em materiais e dispositivos metálicos: Dispositivos de ondas de spin com materiais multiferróicos. Descreveremos também um novo método potencial de controlo do campo elétrico do ferromagnetismo metálico através do efeito de campo da camada superficial de Fermi de Thomas.

1.4 Alguns estudos inovadores importantes sobre dispositivos nano-sintrónicos e suas aplicações no sector aeroespacial

Wang et al (11) realizaram um estudo importante sobre este tema e utilizaram as ideias da eletrónica moderna sobre a carga dos electrões como variável de estado para operações lógicas e de computação em termos de portadores de tensão ou de corrente em dispositivos electrónicos que se comportam de forma independente. Explicaram o fenómeno coletivo da spintrónica aplicando o conceito de considerar o momento magnético como uma variável de estado sob a forma de um novo sistema de processamento de informação à temperatura ambiente.

Borschel et al (12) estudaram e discutiram os nanofios de GaAs altamente dopados com Mn, com uma estrutura cristalina de alta qualidade, desenvolvidos por implantação de feixe de iões. Foi demonstrado que a magnetorresistência correspondente diminui a baixas temperaturas, mostrando a existência de paramagnetismo. Foi salientado que estas descobertas têm potencial para futuras aplicações, como um novo tipo de material magnético. Pramanik et al (13) apresentaram um novo conceito de transporte de spin em nanofios orgânicos para explicar, pela primeira vez, que o tempo de relaxação do spin em materiais orgânicos pode ser realmente muito longo, tornando-os assim adequados para a investigação e o fabrico de dispositivos em spintrónica, devido à longevidade da polarização do spin. Este é um critério importante para quase todos os dispositivos spintrónicos. Cottet et al (14) discutiram várias experiências que demonstram o controlo do transporte de spin numa porta de um nanotubo de carbono ligado a cabos ferromagnéticos. Kontos e Cottet (15) discutiram a utilidade da nano-espintrónica para o fabrico de bits quânticos baseados no spin, nos quais spins únicos são capazes de codificar informação quântica. Nossa e Javier (16) apresentaram uma dissertação sobre investigações teóricas relativas ao controlo elétrico das propriedades magnéticas de ímanes moleculares. Wickles e Belzig (17) calcularam a resistência da parede de domínio de uma parede de Bloch situada num fio de geometria quase unidimensional. Lai et al (18) propuseram um conceito de sistema de pontos quânticos duplos de silício metal-óxido-semicondutor definido por uma porta, auto-projetado.

Wu (19) abordou um tipo inteiramente novo de utilidade da nanofintrónica para o armazenamento de dados e derivou a dependência do sinal de corrente de spin puro Rs=VS/I medido para duas correntes de excitação diferentes. Koo et al (20) explicaram o controlo da precessão de spin num transístor de efeito de campo com injeção de spin. Lee et al (21) apresentaram uma revisão que descreve em pormenor os mecanismos de retroação e os progressos nas simulações e cálculos autoconsistentes da dinâmica acoplada, considerando a retroação da geração das interações efectivas não locais para a magnetização após a soma da acumulação de spin.

Garcia-Raffi et al (22) apresentaram uma nova técnica para reduzir o nível de pressão sonora na zona do lançador de naves espaciais, colocando estruturas de cristais sónicos (SCs) na plataforma de lançamento para controlar as ondas que nela se reflectem, e apresentaram os seus resultados, que podem ser muito úteis na investigação e engenharia aeroespaciais. É sabido que os materiais ópticos robustos têm aplicações (23) nos sistemas aeroespaciais e laser. É importante notar que uma descoberta histórica financiada pelo Exército dos EUA na Universidade de Nova Iorque vai mudar a forma como os investigadores desenvolvem e utilizam dispositivos electro-ópticos como lasers, sensores e circuitos fotónicos durante a próxima década. Os cientistas (24) desenvolveram e compreenderam a criação de colóides com a caraterística única de se cristalizarem no diamante, um resultado que está a ser utilizado no fabrico de muitos componentes na indústria aeroespacial.

Segundo o relatório (25), o Global Photonic Crystals Market Outlook for 2019-2024, haverá uma série de empregos para engenheiros aeroespaciais no sector aeroespacial e da defesa. Zhang et al (26) definiram o estado de Mach 5 da aeronave como a condição de funcionamento pretendida e simularam a capacidade de proteção térmica do PC através do método da dinâmica de fluidos computacional. Os projectistas têm de confirmar alguns aspectos fundamentais do funcionamento do Spin Engine e conseguir a sua reprodutibilidade controlando, a nível atómico, a posição e as propriedades dos centros PM num dispositivo de estado sólido adequado, para implementar a integração de back-end CMOS para gerir várias questões de engenharia, incluindo o fluxo de calor e as perdas de interligação. Existem muitos tipos de produção de energia (27-31), como a eólica, a hídrica, a fóssil, etc. No entanto, a spintrónica e a termodinâmica quântica oferecem uma nova abordagem para a produção de energia ambiente.

Outra abordagem é a do modelo semi-clássico de transporte de carga e de spin baseado na teoria da deriva-difusão, em que consideramos o transporte em não-ímanes metálicos/semicondutores e em ferromagnetes metálicos, limitando a difusão e a conceção a uma dinâmica difusiva e assumindo que a densidade e os campos externos variam lentamente à escala do caminho livre médio X , que se considera ser inferior ao comprimento de difusão de spin LSD.

Deve notar-se aqui que a densidade de spin implica o excesso da densidade eletrónica total dos electrões de um spin sobre a densidade eletrónica total dos electrões do spin oposto. Mais importante é a determinação destas quatro quantidades, que têm de ser calculadas utilizando a equação de spin. Trata-se de um trabalho complicado, que é feito por um engenheiro de spintrónica, através da resolução de um conjunto de equações de fluxo, que conduzem à derivação destas quantidades. Trata-se de um trabalho muito complexo e fastidioso, que requer a competência e a perícia do engenheiro de projeto, juntamente com uma longa experiência de trabalho neste tipo de sistemas. Os resultados são invariavelmente ligeiramente diferentes dos obtidos teoricamente; assim, dependendo do feedback, o projetista tem de aplicar correcções. Geralmente, são necessárias três a quatro iterações para obter os resultados desejados. Por vezes, são também utilizados programas informáticos, alguns dos quais estão mesmo disponíveis comercialmente.

1.5 Microscopia laser para testar componentes muito pequenos na indústria aeronáutica e aeroespacial

A microscopia laser é uma classe de técnicas para gerar imagens microscópicas, que podem ser utilizadas para testar componentes minúsculos na indústria aeronáutica e aeroespacial. Na maioria dos casos, o varrimento laser de uma amostra é efectuado com um feixe laser de difração limitada. O varrimento é conseguido através do movimento do feixe laser ou do componente a testar. A luz que transporta informação sobre o componente pode ser gerada de diferentes formas, como por dispersão, através de alterações de polarização, por geração de segundo harmónico ou por excitação de fluorescência. A intensidade da luz proveniente da amostra é registada para cada ponto da mesma. A partir destes dados, são produzidas imagens num computador, que depois podem ser armazenadas em formato eletrónico. Na prática, são aplicados métodos numéricos para processar as imagens e melhorar o contraste da imagem.

A técnica de imagem mais utilizada baseia-se numa geometria confocal (^ microscópios de varrimento confocal), em que a luz proveniente do foco no componente é visualizada com uma objetiva microscópica num orifício, atrás do qual a potência ótica é detectada. Pode visualizar-se que esta geometria suprime a influência da luz proveniente de outras regiões do componente em teste, por exemplo, de antes ou depois do foco, uma vez que esta luz não pode passar eficazmente através do orifício. De facto, a resolução em profundidade é consideravelmente melhorada. É interessante notar que, para a maioria das formas de microscopia a laser, a difração limita o raio possível da cintura do feixe laser de varrimento e, consequentemente, a resolução da imagem obtida. No entanto, algumas técnicas permitem melhorar a imagem para além do limite de difração, o que se designa por microscopia de super-resolução ou nanoscopia. As imagens produzidas com estes microscópios não são geralmente observadas diretamente através de um instrumento ótico, mas sim num ecrã de computador de alta resolução. O CLSM é uma tecnologia complicada, com muitos passos complicados envolvidos, e muitos processos diferentes ocorrem rapidamente para produzir a imagem nos ecrãs. Mas depois de aprender e adquirir experiência na utilização das diferentes funções, podem ser geradas várias imagens e muitos dados. O domínio da nanofintrónica tem vindo a evoluir rapidamente nos últimos anos. Está a encontrar aplicações úteis na indústria aeroespacial, bem como na produção de energia ambiente que, por sua vez, está a ser utilizada para testar os dispositivos aeronáuticos, uma vez que fornece energia limpa. A Airbus está a explorar uma série de tecnologias quânticas que podem ser aplicadas aos desafios aeroespaciais, sendo a mais importante a computação quântica. Verificou-se que a indústria aeroespacial tem necessidades computacionais complexas nas áreas da dinâmica de fluidos, simulações de elementos finitos, aerodinâmica e mecânica de voo, e utiliza ativamente soluções computacionais avançadas nestas áreas. Acredita-se firmemente que a computação quântica, em conjunto com as soluções mais tradicionais de computação de alto desempenho (HPC), pode ajudar a indústria aeroespacial a resolver tarefas computacionais fundamentais de grande dimensão. Muitas novas agências e instituições governamentais têm estado a investir muitos fundos no desenvolvimento desses materiais e energia. Considera-se que este domínio em evolução da física tem vindo a encontrar muitas aplicações inovadoras na indústria aeroespacial, pelo que devem ser feitas algumas tentativas muito sérias para desenvolver este domínio. Para isso, não só os institutos académicos, mas também os grandes estabelecimentos aeroespaciais devem fazer esforços sérios de investigação e desenvolvimento para assegurar o crescimento deste domínio. Os cientistas que trabalham nesta área devem dar ênfase a este aspeto durante as suas interações mútuas ao participarem em várias conferências internacionais.

1.6 Nanocompósitos de polímeros, tecnologia de 2 fotões e hidrogéis para armazenamento de energia

A última década mostrou as novas necessidades de armazenamento de energia para os transportes e a rede que são difíceis ou impossíveis de satisfazer pelas actuais baterias de iões de lítio. Um aspeto importante é o armazenamento de descargas de longa duração para estabilizar a rede contra dias consecutivos de tempo nublado ou calmo. Embora as baterias de iões de lítio tenham capacidade para uma descarga de quatro horas à potência máxima, o que é suficiente para as variações meteorológicas intradiárias e para prolongar a eletricidade solar até ao fim da tarde para satisfazer a procura máxima, não é suficiente para cobrir dias consecutivos de céu nublado ou calmo. Além disso, as baterias de iões de lítio têm a energia necessária para alimentar os automóveis pessoais em viagens diárias sem recarga, mas os transportes pesados, incluindo os camiões de longo curso, os caminhos-de-ferro, a navegação marítima e a aviação, exigem baterias com densidades de energia mais elevadas. Por conseguinte, é necessário resolver o problema do armazenamento de descargas de longa duração e das baterias de elevada densidade energética.

Cientistas coreanos desenvolveram um método de síntese eficiente para a produção de um novo material anódico co-dopado para baterias recarregáveis de água do mar, e desenvolveram um processo de plasma em líquido num só passo para sintetizar material anódico à base de carbono co-dopado com azoto e enxofre, que possui um grande potencial para baterias de água do mar. Um tipo muito promissor de tecnologia de baterias à base de sódio são as baterias de água do mar (SWB), que utilizam a água do mar como cátodo. Apesar das suas numerosas aplicações potenciais, a comercialização das SWB não tem sido possível até à data devido à falta de materiais anódicos de baixo custo, de elevado desempenho e amigos do ambiente. É claro que os materiais à base de carbono são uma opção rentável, mas o seu desempenho eletroquímico não é tão bom, pelo que têm de ser codopados com vários elementos, como o azoto e o enxofre. Outra razão é que as rotas de síntese atualmente conhecidas para a co-dopagem são complexas, potencialmente perigosas e até incapazes de produzir níveis de dopagem aceitáveis.

Agora, cientistas da Universidade Marítima e Oceânica da Coreia conseguiram ultrapassar a complexidade da síntese e as questões de segurança causadas por precursores dopantes nocivos através de uma nova rota de síntese, e desenvolveram um processo de plasma em líquido de um só passo para sintetizar material anódico à base de carbono co-dopado com N e S, que mostrou grande potencial para baterias de água do mar. Além disso, os investigadores do Instituto Nacional de Materiais do Japão (NIMS) e da Softbank Corp. desenvolveram uma bateria de lítio-ar com uma densidade de energia superior a 500Wh/kg, que é superior à das actuais baterias de iões de lítio. Explicaram que esta bateria pode ser carregada e descarregada à temperatura ambiente e apresenta as densidades de energia mais elevadas e os melhores desempenhos de ciclo de vida alguma vez alcançados.

As baterias de lítio-ar são células electroquímicas metal-ar que utilizam a oxidação do lítio no ânodo e a redução do oxigénio no cátodo para induzir um fluxo de corrente. Os cientistas acreditam que estes dispositivos têm potencial para serem as derradeiras baterias recarregáveis, uma vez que são leves e de elevada capacidade, com densidades de energia teóricas várias vezes superiores às das baterias de iões de lítio atualmente disponíveis. Quando esta tecnologia atingir a fase comercial, as baterias poderão ser utilizadas em drones, veículos eléctricos e sistemas domésticos de armazenamento de eletricidade. Tendo em conta esta ênfase no armazenamento de energia, estão a ser explorados mais tipos de dispositivos e materiais, pelo que é importante estudar esses materiais, a sua estrutura e a modelação dos dispositivos neles baseados para obter resultados óptimos. O presente trabalho é um pequeno passo nesta direção, uma vez que estes materiais também estão a ser explorados para o armazenamento de energia.

Sreenivas et al (32) estudaram os nanocompósitos de polímeros para aplicações de armazenamento de energia e descobriram que o polipropileno (orientado biaxialmente) tem uma elevada rutura eléctrica que atinge cerca de 6 -10,8 tensões por metro; embora tenha um armazenamento de energia limitado, que atinge cerca de 2 Joules/cm 3. Sugeriram que uma solução para melhorar a eficiência do armazenamento de energia consiste em adicionar polímeros nanocompósitos. Isto deve-se ao facto de a morfologia dos materiais de enchimento à escala nanométrica reduzir as heterogeneidades nos nanocompósitos, melhorando assim as propriedades dieléctricas e evitando falhas. Estão a ser desenvolvidos esforços de investigação para encontrar materiais adequados para o armazenamento de energia. Os nanocompósitos têm uma ou mais fases com dimensão inferior a 100 nm e têm como caraterística o facto de possuírem muitas propriedades que não são possíveis com materiais convencionais. Existem muitos tipos de nanocompósitos, por exemplo, compósitos de metal-nano-polímero e nanocompósitos de polímero. Os PMN são compósitos de polímeros preenchidos à escala nanométrica em que o material de enchimento é < 100 nm em pelo menos uma dimensão. A utilização de PMN aumentou muito devido a muitos factores como - combinações sem precedentes de propriedades foram observadas em alguns PMN, 0.04% de silicatos do tipo mica (MTSs) em epóxi aumentam o módulo abaixo da Tg em 58% e o módulo na região borrachosa em 450%, descoberta do nanotubo de carbono há cerca de duas décadas e meia, resistência e propriedades eléctricas do CNT diferentes da grafite, oferecendo possibilidades para novos compósitos, desenvolvimento significativo no processamento químico de nanopartículas, processamento in situ de nanocompósitos levou a um controlo sem precedentes sobre a morfologia dos compósitos e criou uma capacidade quase ilimitada para controlar a interface entre a matriz e o enchimento. Os hidrogéis funcionais têm sido considerados uma plataforma material atractiva para tecnologias de armazenamento de energia, com grande potencial no domínio do armazenamento de energia. Os nanomateriais e as nanoestruturas metálicas são utilizados para melhorar o desempenho destes dispositivos e para revelar o seu papel vital na próxima geração de dispositivos de armazenamento de energia. Thekkekara et al (33) sugeriram um método para aumentar a densidade de armazenamento de energia, a fim de melhorar o armazenamento das actuais baterias de iões de lítio. Apresentaram a tecnologia de escrita laser direta de dois fótons para desenvolver micro-supercapacitores tridimensionais biomiméticos extensíveis de elevado desempenho com uma distância fractal entre eléctrodos até 1 ^m. Com películas de óxido de grafeno de várias camadas, mostraram que (i) a capacidade de transferência de carga aumentou na ordem de 102, enquanto a densidade de armazenamento de energia excede os resultados das actuais baterias de iões de lítio; e (ii) a capacidade de estiramento e a capacitância volumétrica aumentaram para 150% e 86 mF/cm3 (0,181 mF/cm2), respetivamente. Foi salientado que (i) este método de nanofabricação aditiva é altamente desejável para o desenvolvimento de armazenamento de energia extensível autossustentável integrado em tecnologias vestíveis, e (ii) o armazenamento de energia flexível e extensível com uma elevada densidade de energia abre uma nova oportunidade para a deteção, imagiologia e monitorização no chip. Singh e Babita (34) salientaram que (i). Os hidrogéis são os materiais emergentes de armazenamento de energia; e são vantajosos porque possuem a combinação única de condutores orgânicos e polímeros convencionais. O artigo aborda a abordagem sintética dos hidrogéis, que inclui tanto a síntese convencional como as novas vias adoptadas, seguidas da aplicação de hidrogéis como materiais de armazenamento de energia.

Os nanocompósitos poliméricos têm atraído um interesse significativo da investigação devido ao seu potencial promissor para aplicações versáteis que vão desde a remediação ambiental, armazenamento de energia, absorção electromagnética (EM), deteção e atuação, transporte e segurança, sistemas de defesa, indústria da informação

.

Tendo em conta a importância dos nanocompósitos poliméricos, da tecnologia de 2-fótons e dos hidrogéis para o armazenamento de energia, é importante estudar a sua estrutura, modelação matemática e caraterísticas, a fim de obter os melhores resultados na utilização destes materiais em dispositivos de armazenamento de energia. O presente trabalho é um esforço sério nessa direção. Antes de conceber qualquer dispositivo de aplicação, a estrutura e as caraterísticas do material têm de ser estudadas e combinadas com as desejadas, tal como referido na literatura.

1.2.1 Importância das nanocargas nos nanocompósitos para armazenamento de energia

As nanopartículas são únicas, uma vez que possuem muitas propriedades extraordinárias, incluindo o tamanho reduzido das cargas, as nanopartículas muito pequenas não dispersam a luz, o que permite criar compósitos com propriedades eléctricas ou mecânicas alteradas que mantêm a clareza ótica e não criam polimerização, ou seja, não comprometem a ductilidade do polímero; o que conduz a propriedades únicas das próprias partículas, o que implica que os SWNTs são essencialmente moléculas, sem defeitos, têm um módulo tão elevado como 1 TPa e uma resistência tão elevada como 500 GPa. Além disso, conduzem a uma área interfacial excecionalmente grande nos compósitos, e a interface controla o grau de interação entre os materiais de enchimento e os polímeros. No entanto, existe um sério desafio de aprender a controlar a interface. A singularidade dos nanoenchimentos tem sido utilizada em muitas aplicações, dependendo da exigência de uma propriedade específica.

Nadiim et al (35) deram uma ideia pormenorizada sobre as nanocargas através de imagens SEM, que foram reproduzidas abaixo (Fig. 1.4):

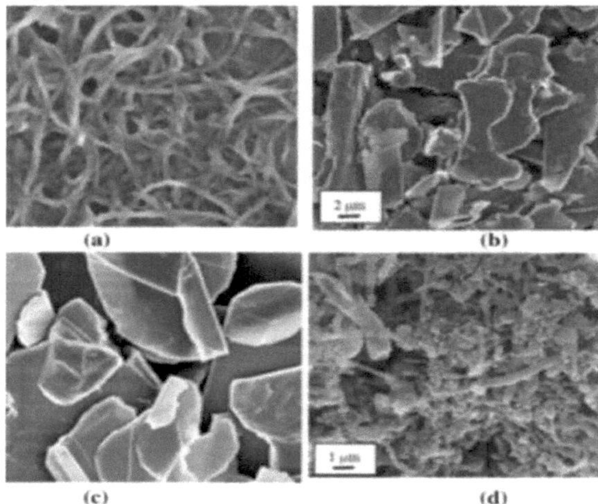

Fig.1.4 Imagens SEM dos nanoenchimentos utilizados nos nanocompósitos de polímero epóxi: a CNTs; b GNPs; c BNNSs; e d BNNTs, Figura cortesia de Nadiim Domun, Keith R. Paton, [...], e Homayoun Hadavinia, On the extent of fracture toughness. transfer from 1D/2D nanomodified epoxy matrizes para compósitos de fibra de vidro, Journal of Materials Science 55, 47174733 (2020).

Esta figura mostra a extensão da transferência da resistência à fratura das matrizes epóxi 1D/2D modificadas com nanotecnologia para o compósito de fibra de vidro. À medida que a composição muda de CNTs **para** GNPs, depois para BNNSs e, finalmente, para BNNTs, a tenacidade aumenta para o compósito de fibra de vidro. Assim, ao alterar a composição, o projetista pode obter a tenacidade desejada no epóxi a utilizar no dispositivo.

Yin et al (36) estudaram em pormenor o fabrico de uma nova membrana de filme fino nano-composto contendo nanopartículas de sílica MCM-41 para purificação de água. Uma membrana de filme fino nano-composto (TFN) contendo nanopartículas de sílica MCM-41 porosas (NPs) pode ser preparada pelo processo de polimerização interfacial in situ (IP) usando soluções aquosas de mistura de m-fenil diamina (MPD) e cloreto de trimesoil orgânico (TMC) - NPs. O sistema utilizado e os resultados da caraterização por microscopia eletrónica de varrimento (SEM), microscopia eletrónica de transmissão (TEM), microscopia de força atómica (AFM) e espetroscopia de infravermelhos com transformada de Fourier de reflexão total atenuada (ATR FT-IR). O sistema utilizado por Yin et al [36] e os seus resultados são reproduzidos nas Figuras 1.5 (a- d) abaixo:

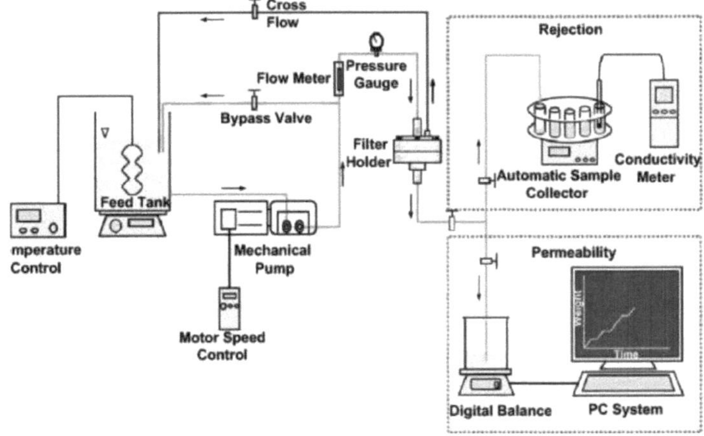

Fig.1.5 (a) Ilustração esquemática do sistema utilizado para o fabrico de uma nova membrana de filme fino nano-composto contendo nanopartículas de sílica MCM-41 para purificação de água.

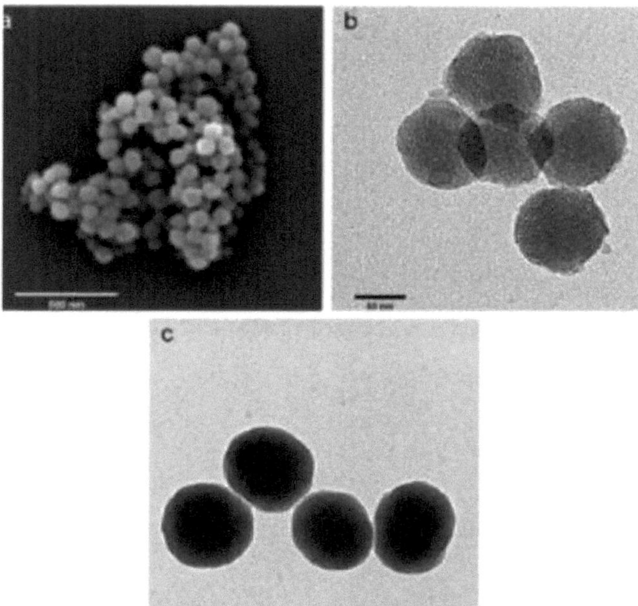

Fig.1.5 (b) Imagens microscópicas de nanocargas: (a) imagem SEM e (b) imagem TEM de MCM-41NPs porosas; e (c) imagem TEM de NPs de sílica esféricas não porosas.

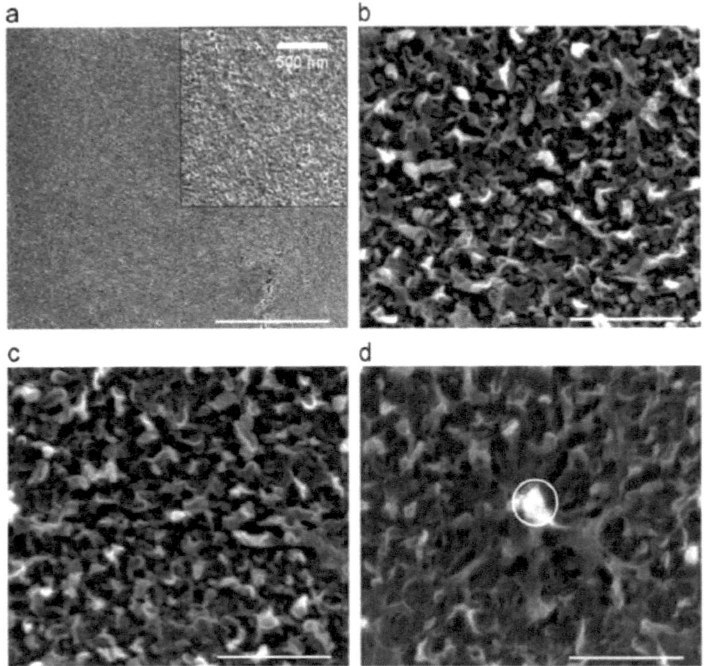

Fig. 1.5 (c) Espectros FT-IR de TFN-ATR de (a) camada de suporte PSU; (b) TFC (sem NPs); (c) membrana M-TFN-0.05; (d) M-TFN-0.1; e (e) membrana M-TFN-0.5

Fig.1.5 (d) Ilustração esquemática do mecanismo hipotético da membrana TFN reforçada com NPs MCM-41. Figura cortesia de Yin et al Fabrication of a Novel Thin-Film Nano composite membrane containing MCM-41 Silica Nanoparticles for water purification, Journal of Membrane Science (agosto de 2012) 423-424:238-246, DOI:10.1016/j.memsci.2012.08.020.

As Figuras 1.5 (a- d) apresentam os pormenores esquemáticos do sistema utilizado para o fabrico de uma nova membrana composta de Nano-Filme Fino contendo nanopartículas de sílica MCM-41 para purificação de água, as imagens SEM e microscópicas, os espectros FTIR e o mecanismo hipotético da membrana TFN reforçada com NPs MCM-41. As cargas em nanoescala têm muitas formas e tamanhos, que podem ser classificados em três categorias: Enchimentos de fibra ou tubo - diâmetro < 100 nm e relação de aspeto de pelo menos 100; a relação de aspeto pode ser tão alta quanto 106 (CNT); Nano enchimentos tipo placa - materiais em camadas tipicamente com espessura da ordem de 1 nm e relação de aspeto nas outras duas dimensões de pelo menos 25; e Nano enchimentos tridimensionais (3D) - partículas relativamente equiaxiais < 100 nm em seu tamanho grande.

1.2.2 Análise matemática da polimerização de dois fotões para armazenamento de energia

A polimerização de dois fotões (TPP) é entendida como um processo fotoquímico, que é iniciado pelo feixe de laser de femtossegundos focado no volume das resinas fotossensíveis por uma objetiva de elevada abertura numérica (NA).

Na maioria dos casos, a absorção degenerada de dois fotões (TPA) é utilizada no processo TPP. Uma vez que a TPA é um processo ótico não linear de terceira ordem, a taxa de absorção de energia é proporcional ao quadrado da intensidade da luz [37] , que pode ser expressa da seguinte forma

$$\frac{dW}{dt} = (\frac{8\pi^2}{\omega})\{\frac{\mathrm{I}^2\, Im\, \chi^{0)}}{n^2 c^2}\} \text{---(1)},$$

em que n é o índice de refração, ω é a frequência ótica da luz incidente, é a velocidade da luz no vácuo 1 , é a intensidade da luz e $Im\, \chi^{0)}$

é a parte imaginária da suscetibilidade de terceira ordem. É importante notar que, como a secção transversal do TPA é muito inferior à do 1PA, é necessário um laser de impulsos ultracurtos com intensidades elevadas da ordem de TW/cm2.

Polimerização de dois fótons - Uma nova abordagem à microusinagem:

A rápida evolução e o desenvolvimento técnico dos sistemas laser ultracurtos resultaram na criação de novas possibilidades de localização exacta da energia laser no tempo e no espaço, o que conduziu a novas aplicações laser baseadas em processos de interação não lineares. Uma técnica de microfabricação 3D baseada na polimerização de dois fotões com impulsos laser ultracurtos tornou-se muito útil. Foi observado que, quando os impulsos são focados no volume de um material fotossensível, iniciam a polimerização de dois fotões através da absorção de dois fotões e subsequente polimerização. Curiosamente, quando as estruturas desejadas são iluminadas dentro do volume fotossensível, e subsequentemente desenvolvidas por lavagem das regiões não iluminadas, o material polimerizado permanece na forma 3D prescrita; o que permite o fabrico de qualquer estrutura 3D gerada por computador através da gravação direta a laser no volume de um material fotossensível.

A vantagem é que, devido ao comportamento de limiar e à natureza não linear do processo, é possível obter uma resolução melhor do que o limite de difração, controlando a energia do impulso laser e o número de impulsos aplicados. No entanto, esta elevada resolução inerente ao processo de polimerização de dois fotões requer sistemas de posicionamento muito precisos, como etapas piezoeléctricas ou scanners. O M/s Laser Zentrum Hannover eV ultrapassou este problema desenvolvendo um sistema autónomo e móvel para a geração de estruturas 3D em micro e nanoescala, que integra um laser de femtosegundo, um scanner para a escrita rápida de estruturas de pequena área e um sistema de posicionamento linear motorizado da Aerotech GmbH, que utiliza rolamentos de ar. O laser utilizado neste sistema é um sistema compacto de Ti:safira da High Q Laser Production GmbH, com uma potência média de 200 MW, um comprimento de onda de 800 nm, uma duração de impulso inferior a 100 fs e uma taxa de repetição de 73 MHz, e o sistema de posicionamento está equipado com três eixos, com um alcance de 10 cm em cada direção, e um eixo de rotação, que permite a criação de estruturas cilíndricas curvas por polimerização de dois fotões. Os outros componentes importantes são: um galvo scanner X-Y para deflectir o feixe laser expandido através da objetiva de óleo de imersão de elevada abertura numérica, para focar os impulsos de femtosegundos no material fotossensível, ou refocar.

É importante analisar a Expressão Perturbativa para a hiper polarizabilidade γ, , uma vez que é relevante para a Absorção de Dois Fótons, e explicar o seu significado, o que por sua vez ajuda o projetista a otimizar o desempenho dos dispositivos baseados na Polimerização de Dois Fótons. Se assumirmos que o sistema pode ser descrito pelo "modelo de três níveis", no qual apenas o estado fundamental, *g,* o estado excitado mais baixo, e, e um estado permitido de dois fotões mais elevado, e', são considerados; então, seguindo a abordagem, esta expressão para a componente de frequência relevante para a absorção de dois fotões pode ser escrita da seguinte forma

$$\gamma(-\omega:\omega,-\omega,\omega)\alpha\{\frac{M^2{}_{ge}\Delta\mu^2{}_{ge}}{(E_{ge}-\frac{h\omega}{2\pi}-i\Gamma_{ge})^2(E_{ge}-\frac{h\omega}{\pi}-i\Gamma_{ge})}+$$

$$\frac{M^2{}_{ge}M^2{}_{ee'}}{(E_{ge}-\frac{h\omega}{2\pi}-i\Gamma_{ge})^2(E_{ge'}-\frac{h\omega}{\pi}-i\Gamma_{ge'})}\}$$

--- (2),

em que M_m ,é o momento de dipolo de transição entre os estados g e e, $M,^{ge}$ ge' é o momento de dipolo de transição entre os estados g e e', $\Delta\mu_{ge}$ é a diferença entre o momento de dipolo dos estados g e e, e *Ege* e E' são as energias para as transições entre os estados subscritos, ω é a frequência angular do feixe de excitação, e *Gge* e *Gge'* são termos de amortecimento. É necessário ter em conta que, para uma molécula com simetria central, o momento de dipolo é zero nos estados g e e, por conseguinte, o primeiro termo da equação *para* γ torna-se zero. No entanto, para o caso de moléculas não centro-simétricas, ambos os termos contribuem para a hiperpolarizabilidade. A partir desta equação, pode verificar-se que as ressonâncias de dois fotões ocorrem quando a energia do fotão satisfaz a equação:

$$(\frac{h\omega}{\pi})=E_{ge} \quad \text{----- (3a)} \quad \text{or} \quad (\frac{h\omega}{\pi})=E_{ge'} \quad \text{----- (3b)}$$

Além disso, a secção transversal TPA(δ), que é a absorção de dois fotões de frequências idênticas ou diferentes para excitar uma molécula de um estado (geralmente o estado fundamental) para uma energia mais elevada, geralmente um estado eletrónico excitado**;** é proporcional à componente imaginária *de* γ , e é dada por:

$$\delta(\omega)=\{\frac{2\pi h\omega^2}{n^2c^2}\}\{L^4\operatorname{Im}\gamma(-\omega:\omega,-\omega,\omega)\} \quad \text{------ (4).}$$

Deve notar-se aqui que a equação acima é válida apenas no sistema de unidades cgs; é o índice de refração do material, é o fator de campo local, que depende do índice de refração, e c é a velocidade da luz. Assim, temos de notar que o projetista tem de otimizar vários parâmetros relacionados com a secção transversal do TPA(δ). Além disso, vários termos como $M_{ge'}$, $\Delta\mu_{ge}$, *Ege,*

Ege 'G *ge* e $G_{g|t}$ têm de ser optimizados para um determinado γ e ω . Para tal, é necessário um programa informático, bem como a experiência e os conhecimentos do projetista.

1.2.3 Principais constituintes dos nanocompósitos

Existem três principais constituintes materiais em qualquer compósito, que são a matriz, o reforço (fibra), e a região interfacial, que é responsável pela comunicação entre a matriz e a carga, e convencionalmente tem propriedades diferentes da matriz em massa devido à sua proximidade com a superfície da carga. Vaia e Wagner (38) estudaram a comparação de um macro-compósito contendo 1 цт x 25 цт (x L) fibras em uma matriz amorfa com a de um nano-compósito com a mesma fração volumétrica de carga, mas contendo fibras de 1 nm x 25 nm, que é reproduzida abaixo (Fig1.6):

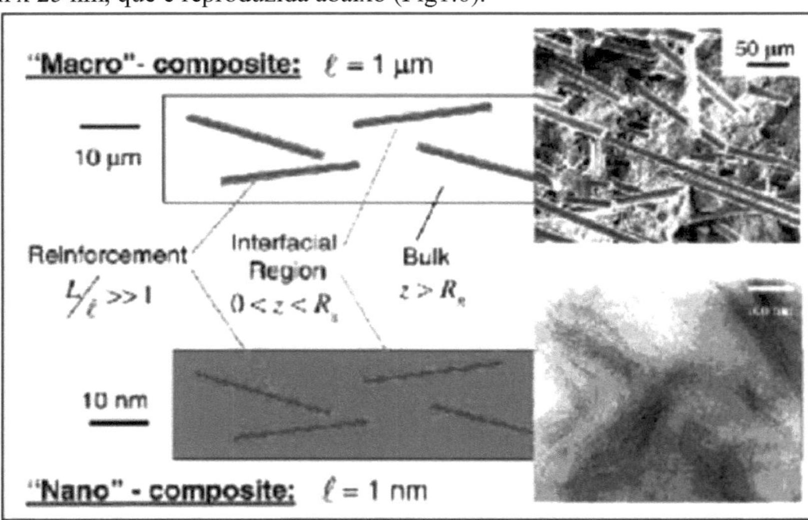

Fig. 1.6 Comparação de um macro-compósito contendo 1 цт x 25 цт (x L) fibras numa matriz amorfa com a de um nano-compósito com a mesma fração volumétrica de carga, mas contendo 1 nm x 25 nm fibras. Os constituintes em qualquer

compósito: a matriz (branco), o reforço (fibra, vermelho) e a chamada região interfacial (verde). Figura cortesia de Vaia R.A. e Wagner D.H., Framework for nanocomposites, novembro de 2004, Materials Today, 7(11):32-37.

Pode observar-se que a micrografia eletrónica de varrimento mostra a poliolefina reforçada com E-glass (fibra de 15 цт) e a micrografia eletrónica de transmissão mostra o compósito montmorilonite-epóxi Nano (camadas de 1 nm de espessura).

1.2.4 Hidrogéis e sua síntese para armazenamento de energia

Wang et al (39) referiram que as micropartículas de cristais fotónicos de hidrogel (HPCMs) com estrutura opalina inversa podem ser preparadas através de uma combinação de técnicas microfluídicas e de modelação. O esquema da preparação de micropartículas de cristais fotónicos de hidrogel (HPCMs) com estrutura opalina inversa é apresentado a seguir (Fig. 1.7):

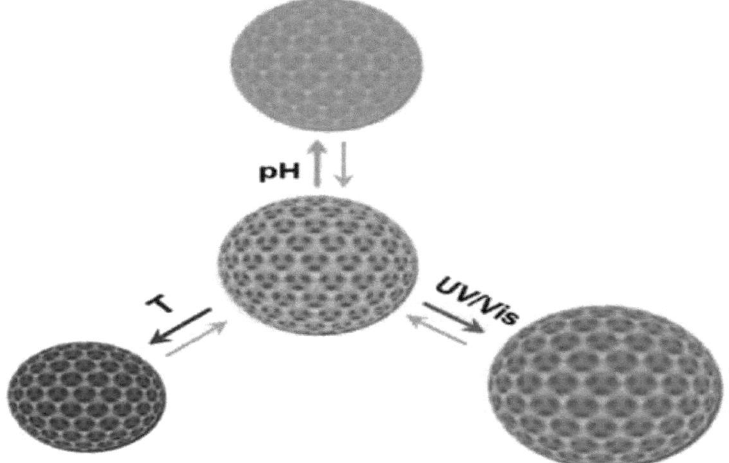

Fig.1.7 Esquema da preparação de micropartículas de cristais fotónicos de hidrogel (HPCM) com estrutura opalina inversa, por exemplo N-isopropilacrilamida (NIPAm) e ácido metilacrílico (MAA). Figura cortesia de Wang et al Langmuir 29 (2013) 8825-8834.

1.2.5 Hidrogéis à base de celulose

Navarra et al (40) realizaram um estudo interessante sobre os hidrogéis à base de celulose, obtidos por vias sintéticas adaptadas e de baixo custo, que são propostos como membranas electrolíticas de gel convenientes. É bom notar que os hidrogéis derivados de polímeros naturais, como os polissacáridos, são materiais muito úteis e adequados para a sua aplicação em muitos domínios, incluindo a agricultura, a engenharia de tecidos, a administração de medicamentos e os biossensores (41), devido à sua vantagem de serem preparados a partir de matérias-primas ecológicas, renováveis e de baixo custo. Foi estabelecido que a celulose combina hidrofilicidade com boas propriedades mecânicas, que são as caraterísticas competitivas devido aos numerosos grupos hidroxilo, que interagem por ligações de hidrogénio preferencialmente com a água ou com grupos hidroxilo de cadeias poliméricas adjacentes(42) .

1.2.6 Observações importantes

Observou-se que o campo da tribologia de polímeros, compósitos de polímeros e nanocompósitos de polímeros é muito útil para novas aplicações, incluindo a conceção e o fabrico de sensores de hidrogel em medicina e biossensores. A modelação matemática e a síntese de tais dispositivos, bem como as considerações de conceção para maximizar a sua eficiência, como foi discutido muito brevemente neste documento, a fim de dar uma imagem abrangente sobre os vários aspectos de tais materiais, podem ser realmente úteis para os investigadores escolherem a área do seu interesse neste tópico excitante e em rápida evolução. Recentemente, Mashkov et al (43) estudaram em pormenor o desenvolvimento e a investigação de nanocompósitos poliméricos para equipamento petroquímico e de produção de petróleo e gás. Discutiram os resultados da investigação e do desenvolvimento de novos nanocompósitos poliméricos antifricção à base de politetrafluoroetileno, caracterizados por uma maior resistência ao desgaste devido à modificação da matriz polimérica com cargas complexas e modificadores. As cargas incluídas são os componentes de micro e nanoescala de natureza diferente e a geometria das partículas com superfície específica e energia livre de superfície de valores elevados. Concluíram que estes factores proporcionam à matriz polimérica uma modificação estrutural de elevado desempenho e um aumento significativo da resistência ao desgaste dos nanocompósitos em caso de fricção a seco. Chopra (44) estudou nanopartículas e compósitos de metais nobres para ótica não linear e suas aplicações. Walia e Chopra (45) estudaram a conceção e a modelização numérica de sensores de temperatura de ressonância plasmónica de superfície baseados em fibras de cristais fotónicos, com ênfase em metamateriais quânticos ópticos plasmónicos e nanofotónicos. Chopra e Walia (46) investigaram os absorventes metamateriais úteis para a camuflagem de infravermelhos na aeronáutica. Assim, pode concluir-se que este domínio está numa base sólida e a evoluir rapidamente. No entanto, é necessário efetuar mais investigações teóricas e experimentais para explorar a utilidade destes materiais. Birkl et al (47) discutiram recentemente a forma de construir um sistema de gestão de baterias (BMS) que garanta uma longa vida útil, versatilidade e disponibilidade dos sistemas de armazenamento de energia por bateria. A recolha de energia luminosa com células solares exige geralmente que estas sejam ligadas a um dispositivo de armazenamento de energia, como uma bateria. Um novo dispositivo (48) pode fornecer simultaneamente energia fotoeléctrica e armazenamento de energia. Um novo dispositivo fotoelétrico pode converter a luz em carga, que pode depois armazenar indefinidamente, e pode ser muito útil para a sustentabilidade ambiental. Este sistema, recentemente desenvolvido, possui uma célula solar e uma bateria. Assim, na ausência de luz solar, a bateria é capaz de fornecer energia. Além disso, no caso de haver sol continuamente em determinados dias, a energia produzida pela célula solar é armazenada na bateria. Por conseguinte, pode concluir-se que o domínio da armazenagem de energia está a evoluir rapidamente. De facto, vários estabelecimentos de investigação de primeira linha deveriam combinar os seus esforços e partilhar os resultados da investigação para o rápido crescimento desta interessante área de investigação.

1.3 Plasmonias e nanofónica

A nanofónica consiste no estudo da técnica de confinamento do campo eletromagnético (EM) numa dimensão ~ ou < o comprimento de onda. Um plasmon é considerado como um quantum de oscilação do plasma, sob a forma de uma quasipartícula resultante da quantização das oscilações do plasma, tal como acontece com os fotões e os fónons, que são devidos respetivamente à quantização das vibrações electromagnéticas e mecânicas, embora o fotão tenha um carácter diferente, o de uma partícula elementar. Deste modo, são apenas as oscilações colectivas da densidade do gás de electrões livres, na gama de frequências ópticas. Os plasmões de superfície são os plasmões confinados às superfícies, capazes de interagir fortemente com a luz, dando origem a um polaritão, e ocorrem na interface entre o vácuo e um material com uma constante dieléctrica imaginária positiva pequena e uma constante dieléctrica real negativa grande. Embora os fotões se possam mover num computador muito mais rapidamente do que os electrões, a desvantagem é que têm de ser utilizados componentes ópticos muito maiores do que os dos circuitos convencionais, uma vez que o seu tamanho depende do comprimento de onda da luz utilizada. No entanto, no caso dos polaritões de plasmon de superfície, os sinais viajam à velocidade da luz ao longo das guias de onda metálicas. O problema encontrado neste caso foi que os polaritões de plasmon de superfície se difractam à medida que viajam sobre o metal, degradando assim a qualidade dos sinais transportados. A solução para este problema foi dada por Lin et al (49), que referiram que um feixe de plasmon Cosine-Gauss é uma onda de superfície localizada de longo alcance e não difractada. A plasmónica é considerada uma onda invulgar e peculiar que não sofre difração e, por isso, não se propaga ao viajar, pelo que pode ser utilizada em chips de computador rápidos, usando feixes de luz para transportar e processar dados. De facto, já foi desenvolvida uma onda electromagnética que pode viajar cerca de 80 micrómetros em linha reta sem se difratar. Esta onda electromagnética forma-se quando a luz atinge a superfície de um metal, criando assim ondulações, chamadas plasmões de superfície, no mar de electrões do metal. Estes plasmões de superfície podem acoplar-se à luz que entra para criar ondas electromagnéticas, aderindo firmemente à superfície do metal enquanto viajam, denominadas polaritões de plasmon de superfície, que são, de facto, ondas com comprimento de onda inferior ao da luz e, consequentemente, mais adequadas como portadores de dados. Foi sublinhado que, para além de criar computadores mais rápidos e mais eficientes do ponto de vista energético, estes feixes podem também ser utilizados para aprisionar e, consequentemente, manipular as nanopartículas. A energia plasmónica no modelo de electrões livres é dada pela seguinte equação:

$$Ep = (h/2\pi) . (ne2/m\ \varepsilon o)1/2 = (h/2\pi). \omega p \quad ---- \quad (1),$$

em que n é a densidade de electrões de condução, e é a carga do eletrão, m é a massa do eletrão, eo é a permissividade do espaço livre, h é a constante de Planck e op é a frequência do plasmon. Uma vez que os plasmões têm caraterísticas especiais de poderem interagir fortemente com a luz, têm um papel importante a desempenhar nas propriedades ópticas dos metais, com base no valor da frequência plasmónica. Enquanto a luz de frequência inferior a esta frequência é obviamente reflectida, devido ao facto de os electrões do metal filtrarem a luz, a luz de frequência superior a esta frequência é transmitida, uma vez que os electrões não conseguem responder com rapidez suficiente para a filtrar. A frequência do plasma situa-se na região do UV para a maior parte dos metais, pelo que estes apresentam um brilho brilhante na gama do visível. Os casos do Cu e do Au são diferentes, uma vez que têm transições electrónicas interbanda na gama do visível, resultando na absorção de determinadas cores, o que faz com que estes metais produzam cores específicas. Esta propriedade levou à utilização dos plasmões de superfície para controlar as cores dos materiais, uma vez que os tipos de plasmões de superfície, que se podem acoplar e propagar através dela, dependem da forma e do tamanho da partícula, podendo ambos ser controlados para obter as cores desejadas. Atualmente, as nanopartículas metálicas de tamanho fixo são utilizadas para dar a cor vibrante desejada ao vidro, através da interação com o campo ótico. No entanto, trata-se de uma proposta difícil, uma vez que a produção de efeitos plasmónicos de superfície de alcance ótico exige o fabrico de superfícies com caraterísticas inferiores a 400 nm, que, apesar de difíceis, já foram fabricadas com boa repetibilidade e estão também disponíveis comercialmente. O tema da plasmónica e os tópicos relacionados atraíram recentemente a atenção de vários investigadores (50-54). Surgiram também recentemente vários livros de qualidade (55-57) sobre o assunto.

Existem muitos tipos de aplicações da tecnologia plasmónica, sendo algumas das mais importantes abordadas a seguir:

Um spaser (laser de plasmon) é a contrapartida nanoplasmónica de um laser, mas não emite fotões. É semelhante ao laser convencional, mas neste dispositivo, os fotões são substituídos por plasmões de superfície e a cavidade ressonante é substituída por uma nanopartícula, que actua como suporte dos modos plasmónicos. Neste caso, a fonte de energia para o mecanismo de spasing é um meio ativo, que é excitado externamente por um campo de excitação, que pode ser ótico e não estar relacionado com a frequência de funcionamento do spaser; por exemplo, um spaser que funcione no infravermelho próximo pode utilizar a excitação do meio de ganho, o que pode ser conseguido utilizando um impulso ultravioleta. Os plasmões de superfície de um spaser funcionam de forma análoga aos fotões de um laser, uma vez que as suas propriedades físicas relevantes são as mesmas, porque: (i) os plasmões de superfície são bosões, que são excitações vectoriais e têm spin igual à unidade, tal como os fotões; (ii) os plasmões de superfície são excitações eletricamente neutras; e (iii) os plasmões de superfície são as oscilações materiais mais colectivas conhecidas na natureza, o que implica que são as mais harmónicas, o que significa que interagem muito fracamente entre si. Assim, os plasmões de superfície podem sofrer emissão estimulada, acumulando-se num único modo em grande número, o que constitui o princípio subjacente ao laser e ao spaser.

A relação (58) entre o espetro de ganho g(X) e o espetro de emissão espontânea $Psp(\lambda)$ é dada por:

$g(\lambda)=A\lambda 5[1-exp(hc/\lambda-\Delta FkBT)]Psp(\lambda)g(\lambda)=A\lambda 5[1-exp(hc/\lambda-\Delta FkBT)]Psp(\lambda)$ --(2),

em que $\Delta F=(EFc-EFv\Delta F)=(EFc-EFv)$ é a diferença dos níveis de quase-Fermi das bandas de condução e de valência, A é uma constante relacionada com o volume do material de ganho, o rácio entre a potência de emissão espontânea final medida e

a potência total de emissão espontânea e também o fator de confinamento, hc/X é a energia de um fotão, k B é a constante de Boltzmann e T é a temperatura ambiente.

Um outro tipo importante de lasers de plasmon é o dos nanofios semicondutores, que é abordado mais adiante: Nanofios semicondutores (NWs): Verificou-se que a fotoluminescência é gerada como um NW semicondutor bombeado por fotões acima do bandgap, propaga-se ao longo do eixo longo, é reflectida pelas duas faces finais e o NW é transformado num laser F-P se a energia da bomba estiver acima do limiar. Seguindo a abordagem (59,60), o ganho nos lasers NW, g, pode ser descrito como g=Tgm, onde Γ e gm são o fator de confinamento e o ganho de material, respetivamente; Γ descreve a sobreposição do modo ótico e do meio de ganho, e os fotões podem ser fortemente confinados nas NWs, levando a um Γ teórico mais elevado em comparação com outros lasers a granel; gm é uma propriedade inerente aos meios de ganho ótico e descreve o seu coeficiente de amplificação por unidade de comprimento; e é ~102-104 cm-1 para os semicondutores convencionais. As perdas ópticas nos lasers NW para uma viagem de ida e volta, a, provêm principalmente da perda interna ai durante a propagação da luz e da perda de espelho am nas faces terminais. ai inclui canais de perda por absorção, refração e dispersão do material. Derivado da transmissão de luz nas faces terminais, am pode ser descrito como :

$\alpha m=1/Lg\ln 1/R\ \Delta FkBT$ ---- (3) ,

onde R é a refletividade da luz nas facetas e Lg é o comprimento do meio de ganho, que é equivalente ao comprimento do NW. Por conseguinte, a condição de limiar de um laser NW é expressa como:

$\Gamma gm \geq \alpha i + 1Lg\ln 1R$ ---- (4),

e uma vez que as perdas ópticas são compensadas pelo ganho ótico resultante da emissão estimulada, é possível estabelecer a lasing.

Os sensores moleculares baseiam-se na mudança de posição e na alteração da intensidade dos picos de absorção e emissão de plasmões, por adsorção molecular. Estes dispositivos baseiam-se na deteção de uma alteração na absorção de uma camada de ouro, utilizando os plasmões de superfície localizados de nanopartículas metálicas para detetar diferentes tipos de moléculas e proteínas, por exemplo, para detetar a caseína no leite. A caraterística dos plasmões de superfície que se propagam nos materiais, sendo muito sensível às propriedades desses materiais, tem sido utilizada para medir a espessura das monocamadas em películas coloidais, como o rastreio e a quantificação de eventos de ligação a proteínas. Uma das aplicações mais comuns dos plasmões ópticos de superfície é o melhoramento da maquilhagem por parte das empresas comerciais. É interessante notar que os instrumentos que funcionam com base nestes princípios também estão disponíveis comercialmente.

Devido ao comprimento de onda extremamente pequeno dos plasmões, os investigadores estão empenhados em utilizá-los para fins de litografia e microscopia de alta resolução. Os protótipos destes dispositivos já foram feitos. Além disso, a capacidade dos plasmões para confinar a luz a dimensões muito pequenas pode ser útil em muitas novas aplicações, como a melhoria da eficiência dos díodos emissores de luz orgânicos.

A plasmónica tem como caraterística o acoplamento da luz aos electrões nos metais, o que leva à quebra do limite de difração para a localização da luz em dimensões inferiores ao comprimento de onda, resultando assim em fortes aumentos de campo, que têm aplicações em muitos domínios, como a plasmónica não linear e os efeitos acústico-magnéticos. Em termos de nanoscopia, uma antena ótica é uma melhor alternativa a uma lente de focagem convencional, a fim de concentrar a radiação laser em dimensões inferiores ao limite de difração. As antenas ópticas são bastante semelhantes às antenas de RF e de micro-ondas, mas são nitidamente diferentes nas suas propriedades físicas. É interessante notar que os metais não são condutores perfeitos, nas frequências ópticas, e estão fortemente correlacionados com o gás de electrões livres. As antenas ópticas têm várias formas, incluindo pontas e nanopartículas, e têm propriedades bastante diferentes, uma vez que dependem fortemente da forma e do material devido às ressonâncias plasmónicas de superfície. O recetor ou o emissor é apenas um absorvente ou emissor quântico elementar, nas várias formas, incluindo um átomo, um ião e um quantum num sólido, que é capaz de interagir com a radiação ótica livre através de uma antena ótica.

1.3.1 Ressonância de Plasmon devida à oscilação coerente de electrões

Os Plasmões de Superfície constituem uma oscilação coerente de electrões que se propaga ao longo da interface metal-dielétrico juntamente com uma onda EM. Devido às suas propriedades únicas, têm aplicações em muitos domínios, incluindo a biossensibilidade ótica ultrassensível, os metamateriais fotónicos, as nanoantenas ópticas e o processamento de informação quântica. Os plasmões de grafeno estão a ser considerados adequados para as antenas ópticas, em detrimento dos plasmões de metais nobres, devido ao confinamento muito mais apertado e às perdas mais baixas, juntamente com a vantagem da elevada capacidade de sintonização por meio de gating eletrostático. De facto, verificou-se que as ressonâncias plasmónicas no grafeno são sintonizáveis numa vasta gama de frequências Terahertz, bastando alterar a largura da fita de grafeno e a dopagem eletrostática, pelo que podem ser utilizadas como novos materiais para antenas ópticas. Além disso, os plasmões do grafeno podem ser confinados a volumes ~ 106 vezes mais pequenos do que o limite de difração, pelo que estão em condições de interagir fortemente com a matéria leve. Esta interação entre a densidade de carga superficial e o campo eletromagnético tem duas consequências: (i) O momento do modo de plasmon de superfície (SP), kSP, torna-se maior do que o de um fotão do espaço livre da mesma frequência, k0 (k0 = ®/c é o vetor de onda do espaço livre); e (ii) Em contraste com a natureza de propagação dos SPs ao longo da superfície, o campo perpendicular à superfície decai exponencialmente com a distância da superfície, o que é chamado de campo evanescente. Está agora bem estabelecido que as excitações plasmónicas sintonizáveis e o acoplamento plasmónico da luz a frequências terahertz em matrizes de microfitas de grafeno constituem a forma mais simples de metamateriais infravermelhos de subcomprimento de onda. Nos estudos dessas matrizes, verificou-se que as excitações plasmónicas correspondem à oscilação colectiva de electrões ao longo da largura (w) das microfitas e que as excitações plasmónicas podem ser controladas variando a largura w, em que a frequência plasmónica varia como a raiz quadrada de w, o que é verdade no caso do gás de electrões 2D. É possível sintonizar a ressonância plasmónica utilizando o gating eletrostático, uma vez que a frequência plasmónica depende da concentração de portadores n e varia como n1/4, que é a caraterística dos electrões de Dirac sem massa. Observa-se que o acoplamento luz-plasmon dos electrões sem massa no grafeno é notavelmente forte, pelo que as excitações plasmónicas do grafeno apresentam picos de absorção terahertz proeminentes à temperatura ambiente, embora sejam necessárias temperaturas baixas ~ 4,2K para medir a absorção plasmónica. Jablan et al (61) sublinharam que o grafeno tem a propriedade de sintonizar, para além das boas propriedades eléctricas, e de ser adequado para micro/nanofabricação, pelo que se espera que seja muito útil para fabricar antenas ópticas.

Verificou-se que é difícil controlar e variar as funções de permissividade dos metais nobres, o que, juntamente com as perdas de material nos comprimentos de onda visíveis, conduz à degradação da qualidade da ressonância plasmónica, limitando assim o comprimento de propagação relativo das ondas plasmónicas de superfície ao longo da interface entre metais e materiais dieléctricos. A utilização do grafema permitiu grandes progressos no domínio da plasmónica, o que ajudou os projectistas a ultrapassar este problema. Foi estabelecido que, para uma dopagem suficientemente elevada, o grafeno pode sustentar SPs polarizados em p que se propagam ao longo da folha com um vetor de onda, kSP ~ i(e+1)o/4no , em que o é a condutividade do grafeno. O grafeno proporciona um grau de confinamento notável, pelo que é muito útil para as aplicações plasmónicas. Além disso, o vetor de onda fora do plano ~ikSP proporciona um grau de confinamento semelhante ao das dimensões ~Xsp/2n na direção transversal (ao longo do eixo z). Curiosamente, a distância de propagação no plano = 1/Im(ksp), atinge um valor muito superior a lOOXsp, e também cai rapidamente a altas energias, uma vez que o plasmon tem energia suficiente para gerar pares de buracos de electrões, o que resulta na relação de dispersão que entra na região interbanda. A relação de dispersão para os plasmões de superfície electrónicos e magnéticos é dada pela seguinte equação:

$$K(\omega) == (\omega/c). [(\varepsilon1\varepsilon2\mu1\mu2)/(\varepsilon1\ \mu1+ \varepsilon2\mu2)]1/2 ---- \quad (5)$$

Está agora bem estabelecido que um aumento do valor de EF leva a que os plasmões se tornem mais estreitos, devido ao facto de a taxa de amortecimento, que é o recíproco do tempo de relaxação τ, diminuir em relação à frequência do fotão. Curiosamente, verificou-se que os plasmões de grafeno são melhores do que os plasmões de metais nobres, para utilização em antenas ópticas, porque têm muitas vantagens, incluindo o maior confinamento de campo, maior localização de plasmões e maior propagação de plasmões, porque têm menores perdas e as ressonâncias de plasmões podem ser facilmente concebidas. Os cálculos relacionados onde e é a constante dieléctrica, é a permeabilidade magnética do material, 1 é o primeiro meio - bloco de vidro, e 2 é o segundo meio - filme de metal.

Koppens et al (62) discutiram a plasmónica do grafeno como uma plataforma para interações fortes entre luz e matéria. Isto pode ser feito através das equações bem conhecidas dadas a seguir:

$\varepsilon(\omega) == (4\pi i\sigma)/(\omega L)$

$\lambda sp == (2\pi i\sigma)\lambda/c$

Para uma monocamada de ouro (L = 0,24nm),

$\sigma = (\omega p2)(L/4\pi)\{i/(\omega + i.1/\tau)\}$ ---- (6)

$\tau = 1.0x$ 10 to the power – 14s,

Para EF = 0,5eV,

$\hbar.\omega = 0.5ev$, λsp é de = 240nm,

Para uma camada de grafema (L = 0,33nm),

$\sigma = (e2)(EF/\hbar 2.\pi)\{i/(\omega + \text{fie}1/\tau)\}$ --- (7).

$\tau = 0.5x$ 10 to the power – 12s,

à potência - 12s,

Para $\hbar.\omega = 0.5ev$, λsp resulta ser = 36nm.

O comprimento de decaimento, dado aproximadamente por (oT/2n).Xsp, é de 1,2 Xsp e 60 Xsp, respetivamente para o ouro e o grafeno. Assim, os cálculos para uma monocamada de ouro e grafeno mostram que o comprimento de propagação é muito maior no grafeno, o que obviamente mostra que o grafeno tem perdas menores. É bem sabido que, no caso dos condutores em massa, os electrões movem-se coletivamente para trás e para a frente, resultando na ressonância plasmónica, que ocorre a frequências ópticas. No entanto, no caso dos condutores 1D, como os nanotubos de carbono, as ondas plasmónicas podem ocorrer na gama de frequências GHz~THz, devido à física única do transporte de electrões 1D, pelo que podem ser úteis para aplicações electrónicas. Foram feitos esforços para demonstrar as ondas plasmónicas de GHz~THz, utilizando nanotubos de carbono e fios quânticos de GaAs/AlGaAs como sistemas 1D. Esses ressoadores plasmónicos fabricados com condutores 1D são mais pequenos do que os ressoadores EM em ordens de grandeza, devido ao facto de a velocidade da onda plasmónica ser centenas de vezes inferior à velocidade da luz, o que permite reduzir consideravelmente a dimensão dos circuitos integrados GHz~THz. A nanoelectrónica centra-se nos

transístores baseados em nanodispositivos, caso em que os electrões não têm movimento coletivo. No entanto, espera-se que estes dispositivos 1D baseados em plasmónica ofereçam uma nova orientação para a nanoelectrónica.
Os investigadores confirmaram que os sinais ópticos podem ser acoplados e espremidos em fios minúsculos de dimensões nanométricas, utilizando a luz para produzir ondas de densidade eletrónica, designadas por plasmões, e espera-se que os circuitos plasmónicos possam ser utilizados para fabricar interligações rápidas, capazes de transferir grandes quantidades de dados através dos chips dos computadores. Outras aplicações possíveis são a melhoria da resolução dos microscópios, a eficiência dos LEDs e a sensibilidade dos sensores químicos e biológicos. Alguns cientistas são também de opinião que os materiais plasmónicos podem ser utilizados para alterar o campo eletromagnético em torno de um objeto, de tal forma que este se torne invisível. Foram recentemente comunicadas muitas ideias e abordagens novas relacionadas com a plasmónica. Stewart et al (63) resumiram os desenvolvimentos e as perspectivas de impactos tecnológicos decorrentes da investigação no domínio interdisciplinar da plasmónica, tais como - esquemas de deteção baseados no índice de refração para analitos (um analito é uma substância ou um constituinte químico de interesse num procedimento analítico) de concentrações extremamente baixas, ou ótica para imagiologia quimicamente sensível, síntese de materiais à nanoescala e métodos de fabrico. Ahmed et al (64) apresentaram uma nova técnica - um método variável adjunto (AVM) para a análise de sensibilidade em banda larga de materiais dispersivos, com base na técnica de modelação de linhas de transmissão no domínio do tempo para calcular a resposta e as suas sensibilidades em relação a todos os parâmetros relacionados através de uma simulação simples. A abordagem e o problema foram ilustrados pela análise de sensibilidade de um ressoador plasmónico 2D em forma de dente. Foi salientado que esta teoria pode ser alargada a outros metamateriais dispersivos e deverá ser muito útil para a tecnologia plasmónica. Chu et al (65) desenvolveram um modelo numérico para simular o desempenho de circuitos que dependem da luz, que pode ser uma ferramenta útil para os projectistas no domínio da nanofotónica. Referiram que os dispositivos para manipular os fotões de luz são muito maiores do que os componentes de circuitos convencionais. Contudo, a tecnologia plasmónica promete ultrapassar este problema através da correspondência de dimensões entre a fotónica à microescala e a eletrónica à nanoescala. Davis et al (66) forneceram um método eletrostático de modo próprio para estudar o acoplamento entre nanopartículas plasmónicas e utilizaram-no para modelar as ressonâncias ópticas da régua plasmónica 3D. Foi demonstrado que os espectros podem codificar de forma única as deslocações

horizontais e verticais do nano-espécime central. Recentemente, Zhu et al (67) apresentaram uma análise pormenorizada dos lasers de plasmon.

1.3.3 Nanomateriais na deteção de doenças

A aplicação de nanomateriais de ouro, prata e grafeno no diagnóstico precoce e não invasivo de doenças tornou-se uma investigação muito importante(44). Os nanomateriais interagem com biomarcadores de doenças in vivo e criam sinais que são detectados por biossensores e imagens biológicas para diagnosticar doenças (68). Um método de deteção precoce de uma doença baseia-se em nanopartículas que formam aglomerados quando se ligam a proteínas ou outras moléculas que indicam a doença que está a ser testada. O teste é bastante económico e simples de realizar.

As partículas são concebidas de forma a serem atraídas para as células doentes, o que permite o tratamento direto dessas células. A nanomedicina, sob a forma de aplicação de nanomateriais e dispositivos para a resolução de problemas médicos, demonstrou ter um grande potencial para melhorar o diagnóstico, o tratamento e a monitorização de muitas doenças graves, incluindo doenças cardiovasculares e neurológicas, VIH/SIDA e diabetes.

Os nanomateriais estão a ser cada vez mais utilizados em aplicações de diagnóstico, imagiologia e administração de medicamentos específicos. A nanotecnologia é capaz de facilitar o desenvolvimento da medicina personalizada, na qual a terapia do paciente é adaptada ao seu perfil genético e de doença individual. No ambiente atual, a incidência de doenças inflamatórias, doenças do sistema nervoso, doenças metabólicas e doenças cardiovasculares está a aumentar. Estas doenças não só causam sofrimento físico e mental aos doentes, como também representam um enorme fardo para a sociedade. O diagnóstico precoce e não invasivo destas doenças pode certamente reduzir o sofrimento físico e mental dos doentes e o stress social. Por conseguinte, há uma necessidade urgente de materiais e métodos avançados para a deteção não invasiva de marcadores de doenças, o rastreio de doenças em grande escala e o diagnóstico precoce. Os materiais médicos biomiméticos são materiais sintéticos concebidos para serem biocompatíveis ou biodegradáveis, que foram desenvolvidos para utilização na indústria médica. Nos últimos anos, com o desenvolvimento da nanotecnologia, foi desenvolvida uma variedade de materiais médicos biomiméticos com propriedades avançadas. Os nanomateriais biomiméticos fizeram grandes progressos na biossensibilidade, na bioimagem e noutros domínios conexos. O mais recente avanço dos nanomateriais biomiméticos no diagnóstico de doenças tem atraído um enorme interesse para os investigadores no domínio da medicina.

Compreende-se agora que a necessidade urgente de deteção e diagnóstico precoces de doenças impulsiona continuamente os avanços das modalidades de imagiologia e dos agentes de contraste, uma vez que os desafios actuais continuam a ser a obtenção de imagens rápidas e detalhadas das microestruturas dos tecidos e a caraterização das lesões, o que poderia ser conseguido através do desenvolvimento de agentes de contraste não tóxicos com um tempo de circulação mais longo. A tecnologia das nanopartículas foi criada para oferecer esta possibilidade. Han et al (69) analisaram os agentes de contraste à base de nanopartículas utilizados nas modalidades mais comuns de imagiologia biomédica, incluindo a imagiologia por fluorescência, a RMN, a TC, a US, a PET e a SPECT, abordando as suas caraterísticas relacionadas com a estrutura, vantagens e limitações. Além disso, as suas aplicações em cada modalidade de imagiologia foram também analisadas utilizando exemplos comummente estudados. Foi afirmado que a investigação futura investigará nanoplataformas multifuncionais para abordar a segurança, a eficácia e as capacidades teranósticas, e que as nanopartículas como agentes de contraste imagiológicos prometem beneficiar grandemente a prática clínica. Um contraste RMN T1 mais seguro numa

Uma nanopartícula plasmónica mais segura com fluorescência melhorada foi sintetizada através de uma nanoestrutura multicamada do tipo core-shell, conhecida como nanomatryoshka (NM). Cada NM é constituída por um núcleo de Au, um invólucro de Au e uma camada espaçadora de sílica que encapsula metal magnético e um corante fluorescente, como demonstrado por eles e reproduzido abaixo:

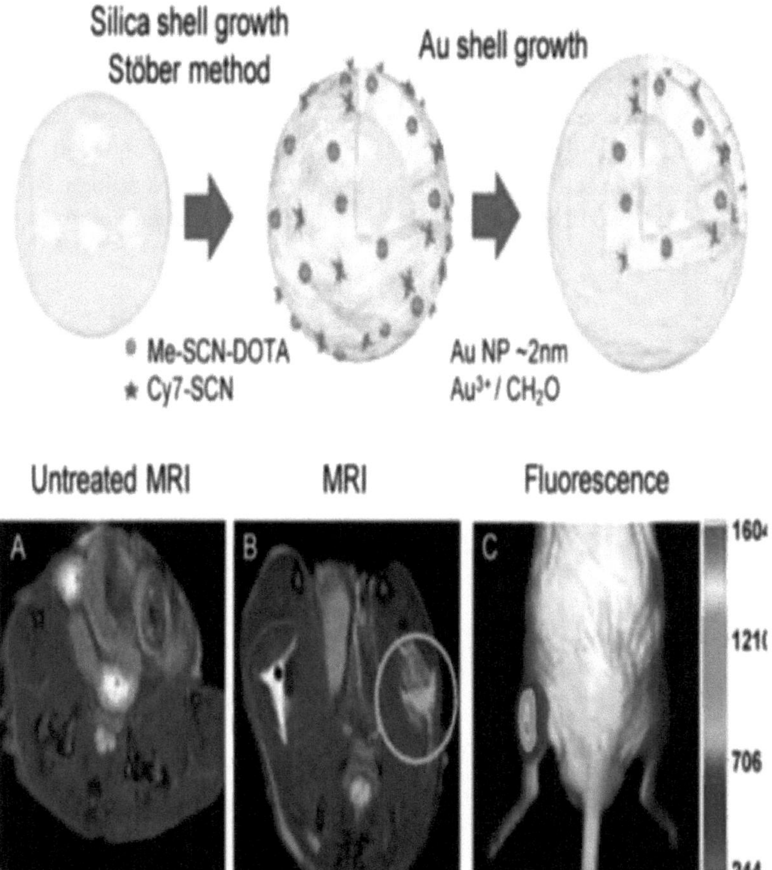

Fig. 1.8 Um contraste RMN T1 mais seguro numa nanopartícula plasmónica compacta com fluorescência melhorada foi sintetizado por uma nanoestrutura multicamada do tipo núcleo-casca, conhecida como nanomatryoshka (NM). Cada NM era constituída por um núcleo de Au, uma casca de Au e uma camada espaçadora de sílica que encapsulava o metal magnético e o corante fluorescente. Esta forma protegeu o corante fluorescente e reduziu a libertação do metal. O Fe (III)-NM apresentou uma relaxividade 2* superior à do atual agente de contraste MRI (Gd-DOTA) e a fotoestabilidade do corante fluorescente aumentou significativamente (23[x]). O painel inferior avaliou a imagiologia por RMN e fluorescência do FeCy7-NM in vivo. (A) Não tratada em RMN, (B) Tratada em RMN, o círculo vermelho é a nanopartícula e o círculo azul é a solução salina, (C) Imagens de fluorescência após a injeção. Esta nanopartícula pode permitir não só uma poderosa visualização dos tecidos com a

RMN, mas também o rastreio de nanopartículas com base na fluorescência. Figura cortesia de Han Xiangjun , Xu Ke, Taratula Olena e Farsad Khashayar Applications of Nanoparticles in Biomedical Imaging, Nanoscale. Manuscrito do autor; disponível em PMC 2021, 11 de maio, doi: 10.1039/c8nr07769j, PMCID: PMC8112886,NIHMSID: NIHMS1696281, PMID: 30603750.

Além disso, as diferentes estruturas das nanopartículas de imagiologia MRI/CT. A: estrutura de base; B: estrutura núcleo-casca, tal como relatado por eles, foram reproduzidas abaixo:

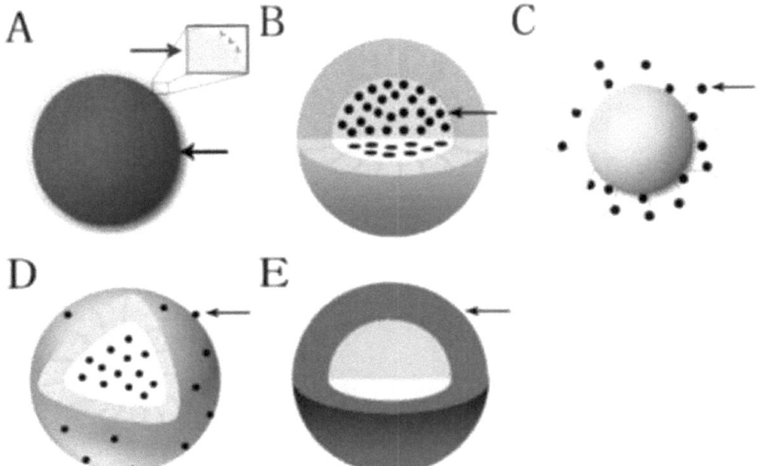

Fig. 1.9 Diferentes estruturas de nanopartículas para imagiologia por RMN/CT. A: estrutura básica; B: estrutura núcleo-casca; C: estrutura vetorial; D: estrutura mista; E:

estrutura core-shell. (Seta preta: Materiais de imagiologia MRI/CT; seta azul: decoração da superfície. Figura cortesia de Han Xiangjun , Xu Ke, Taratula Olena e F arsad Khashayar Applications of Nanoparticles in Biomedical Imaging, Nanoscale. Manuscrito do autor; disponível em PMC 2021, 11 de maio, doi: 10.1039/c8nr07769j,

PMCID: PMC8112886,NIHMSID: NIHMS1696281, PMID: 30603750.

Observou-se que o tamanho das nanopartículas desempenha um papel central na determinação das propriedades e do desempenho dos materiais em aplicações biomédicas. Foram desenvolvidos muitos nanomateriais funcionais e nanobioconjugados para monitorizar a atividade bioquímica, controlar funções biológicas e aplicações terapêuticas. Dolai (70) apresentou uma revisão que se centra no papel do tamanho das nanopartículas (normalmente na gama de 1-100 nm) em várias aplicações biomédicas, na origem desse efeito de tamanho e no requisito de tamanho ótimo para o melhor desempenho em diferentes aplicações biomédicas. Discutiram várias unidades à escala nanométrica presentes nos processos vitais, juntamente com o seu tamanho e papel funcional. Discutiram as propriedades dependentes do tamanho de algumas nanopartículas bem conhecidas e o modo como essas propriedades são exploradas em diferentes aplicações biomédicas, bem como o desempenho dependente do tamanho de nanomateriais funcionais e nanobioconjugados que são utilizados em várias aplicações biomédicas. Por fim, destacaram algumas das nanopartículas mais bem concebidas e de tamanho ótimo para aplicações biomédicas específicas. Por fim, tentaram correlacionar a origem da seleção evolutiva de várias unidades à escala nanométrica nos processos da vida para funções biológicas específicas. Assim, pode concluir-se com segurança que o domínio dos materiais não materiais está numa base sólida e a evoluir muito rapidamente.

Referências

(1) Seneor Pierre, Bernand-Mantel Anne, e Petroff Frederic, Nanospintronics: when spintronics meets single electron physics, J. Phys: Condens. Matter 19 (2007)165222.

(2) Kervalishvilia Paata e Lagutinb Alexander, Nanostructures, magnetic semiconductors and spintronics, Microelectronics Journal 39 (2008) 10601065.

(3) Chopra K. N., New Materials and their Selection for Designing and Fabricating the Spintronic Devices - A Technical Note, Italian Journal of Optoelectronics - Atti Fond G. Ronchi 68 (2013) 673-680.

(4) Chopra K. N., A Short Note on the Organic Semiconductors and their Technical Applications in Spintronics, LAJPE 820 - 7 No. 4 (2013) 674-679.

(5) Chopra K. N., Uma Nota Técnica sobre Junções de Tunelamento Magnético, seus Tipos, Estruturas e Significado em Spintrónica, Inv. J. Sc. Tech. 7(2014) 195-203.

(6) Chopra K. N., A Short Note on the Mathematical Modeling of Spintronic Devices, Italian Journal of Optoelectronics - Atti Fond G. Ronchi 69 (2014) 39-54.

(7) Fang D. , Kurebayashi H. , Wunderlich J. , Vyborny K. , Zarbo L. P. , Campion R. P. , Casiraghi A. , Gallagher B. L. , Jungwirth *T.* e Ferguson A. J. Spin-orbit-driven ferromagnetic resonance, Nature Nanotechnology6 (2011)413-417.

(8) Goldhaber-Gordon, D., G'ores, J., Kastner, M. A., Shtrikman, H., Mahalu, D., e Meirav,, U. Do regime de Kondo ao regime de valência mista num transístor de um só eletrão. Phys. Rev. Lett., 81 (1998) 5225.

(9) Zutic I., Fabian J., e Sarma S. Das, Spintronics: fundamentals and applications, Reviews of Modern Physics, 76 (2004) 323-410.

(10) Dash Saroj P., Sharma Sandeep, Patel Ram S., de Jong Michel P. e Jansen

Ron, Electrical creation of spin polarization in silicon at room temperature, Nature 462 (2009) 491-494.
(11) Wang K.L., Ovchinnikov I., Xiu F., Khitun A., e Bao M., From nanoelectronics to nano-spintronics, J Nanosci Nanotechnol. 11(2011):306- 313.
(12) Borschel Christian , Messing Maria E. , Borgstrom Magnus T. , Paschoal Waldomiro , Jr., WallentinJesper , Kumar
Sandeep , Mergenthaler Kilian, Deppert Knut , Canali Carlo M. ,PetterssonHakan , Samuelson Lars , andRonningCarsten , A New Route towards Semiconductor Nanospintronics: GaAs altamente dopado com Mn
Nanofios Realizados por Implantação de Íons sob Condições Dinâmicas de Recozimento, Nano Lett., 11 (2011) 3935-3940.
(13) Pramanik, S. , Kanchibotla, B. , Garre, K. , Cahay, M. , e Bandyopadhyay, S., Organic nano-spintronics, Nanotechnology, 2007. IEEE-NANO 2007. 7ª Conferência IEEE.
(14) Cottet A., Kontos T., Sahoo S., Man H. T., Choi M-S., Belzig W., Bruder C, Morpurgo A. F. e Schonenberger C., Nanospintronics with carbon nanotubes, Semicond. Sci. Technol. 21 (2006)S78.
(15) Kontos Takis e Cottet Audrey , Towards nanospintronics, europhysicssnews 38 (DOI: 10.1051/EPN:2007008)28 - 30.
Em
(17) Wickles Christian e Belzig Wolfgang, Transporte Eletrónico em Condutores Ferromagnéticos com Parâmetro de Ordem Magnética Não Homogéneo - Parede de Domínio
Resistance,http://kops.unikonstanz.de/bitstream/handle/123456789/9340/Belzig0903.3033v2.pdf?sequence=1, 17 de março (2009). 1-19.
(18) Lai N. S. , Lim W. H. , Yang C. H. , Zwanenburg F. A. , Coish W. A. , Qassemi F., Morello A. , e Dzurak A. S. , Pauli Spin Blockade in a Highly Tunable Silicon Double Quantum Dot, Sci. Rep. 2011; 1: 110.
(19) Wu Yihong, Nano Spintronics for Data Storage, em Encyclopedia of Nanoscience and Nanotechnology, Ed. Nalwa H. S. 10 (2003) 1-50.
(20) Koo H. C., Kwon J. H., Eom J., Chang J., Han S. H., e Johnson M., Control of spin precession in a spin-injected field effect transistor, Science, 325 1515-1518, (2009).
(21) Lee Kyung-Jin, Stilesc M. D., Lee Hyun-Woo, Moon Jung-Hwan, Kim Kyoung-Whan, and Lee Seo-Won, Self-consistent calculation of spin transport and magnetization dynamics, Physics Reports 531(10 October 2013) 89-114. http://arxiv.org/ftp/arxiv/papers/1305/1305.5087.pdf.
(22) Garcia-Raffi L.M. , Salmeron-Contreras L.J., Herrero-Dura I., Pico R., Redondo J., Sanchez-Morcillo V.J. ,Cebrecos A., Jimenez N, Romero-Garda

V., and Staliunas K., Reflection of sound by Sonic Crystals: an application to the aerospace engineering, EuroRegio2016, June 13-15, Porto, Portugal.
(23) Photonics Media, Photonics. com.
(24) Research Triangle Park, Eletrónica Militar e Aeroespacial, N.C. outubro de 2020.
(25) Dublin, June 28, 2019 (GLOBE NEWSWIRE) -- Os cristais fotónicos: Global Market A com's nalysis, Trends, and Forecasts, Report adicionado ao Research And Markets. oferta.
(26) Zhang Hao-Chun , Wei Yan-Qiang , Su Cheng-Shuai , Xie Gong-Nan , e Lorenzini Giulio , Projeto estrutural ideal de proteção térmica para aeronaves supersônicas usando material de cristal fotônico, J. Thermal Sci. Eng. Appl. Feb 2018, 10(1): 011007 (11 páginas), Paper No: TSEA-16-1351; Publicado Online: 19 de julho de 2017.
(27) Chopra Kamal Nain, Otimização da Conversão da Energia Geotérmica em Eletricidade - Uma Breve Nota, Atti Fond. G. Ronchi, ITÁLIA, 70 (2015) 17-25.
(28) Chopra Kamal Nain, Biophotonics and Optofluidics Technology - Technical Analysis and Qualitative Review of the Novel Applications, Lat Am J Phys E , 8 No.1 (2014) 533-540.
(29)Chopra Kamal Nain, Technical Analysis of the Maximization of the Thermo-Chemical Solar Power with special reference to Fulvalene Diruthenium, Atti Fond. G. Ronchi, ITÁLIA, 71 (2), (2015) 213-220.
(30) Chopra Kamal Nain, Tratamento técnico da maximização da eficiência dos eléctrodos produtores de oxigénio altamente eficientes para a tecnologia de separação de água, Atti Fond. G. Ronchi, ITÁLIA, 71 (5), (2016) 579-587.
(31) Bauer GE., Saitoh E. e Wees B.J.van .Spin caloritronics. Nat Mater., 11(2012)391.
(32) Sreenivas Venkata, Adiredd Shiva, Riggs Brian, Rehm Carolyn H., Elupula Ravinder e Chrisey D.B., Polymer Nanocomposites for Energy Storage Applications, Materials Today Proceedings, (setembro de 2015) 2(6):3853 - 3863.
(33) Thekkekara, L.V., Chen, X. e Gu, M. Supercapacitores de grafenos extensíveis induzidos por dois fotões . Sci Rep 8, 11722 (2018). https://doi.org/10.1038/s41598-018-30194-2.
(34)Singh Ram , Veer Babita, Hydrogels: Promising Energy Storage Materials, Chemistry SelectVolume 3, Issue 4 p. 1309-1320; Primeira publicação: 30 de janeiro de 2018;https://doi.org/10.1002/slct.201702515
(35) Nadiim Domun, Keith R. Paton, [...], and Homayoun Hadavinia, On the extent of fracture toughness transfer from 1D/2D nanomodified epoxy matrices

to glass fiber composites, Journal of Materials Science volume 55, pages 4717-4733 (2020).

(36) Yin Jun , Kim Eun-Sik , Yang John, Dang Baolin, Fabrico de uma nova membrana nanocompósita de película fina contendo nanopartículas de sílica MCM-41 para purificação de água, Journal of Membrane Science (agosto de 2012) 423-424:238-246, D0I:10.1016/j.memsci.2012.08.020.

(37) Absorção de dois fotões - CleanEnergyWIKI - Fotónica Wikiorphotonicswiki.org > title=Absorção de dois fotões.

(38) Vaia R.A. e Wagner D.H., Framework for nanocomposites, novembro de 2004, Materials Today, 7(11):32-37.

(39) Wang Jianying , Hu Yuandu , Deng Renhua , Liang Ruijing , Li Weikun , Liu Shanqin , e Zhu Jintao , Micropartículas de cristais fotónicos de hidrogel multiresponsivo com estrutura inversa à pala, Langmuir 29 (2013) 8825-8834.

(40) Navarra MA, Dal Bosco C, Serra Moreno J, Vitucci FM, Paolone A, Panero S. Síntese e caraterização de hidrogéis à base de celulose para serem utilizados como electrólitos em gel. Membranas (Basileia). 2015 Nov 27;5(4):810-23. doi: 10.3390/membranas5040810. PMID: 26633528; PMCID: PMC4704013.

(41) Chang C., e Zhang L, Cellulose-based hydrogels: Present status and application prospects. Carbohydr. Polym., 84 (2011) 40-53.

(42) Klemm D., Philipp B., Heinze T., Heinze U., e Wagenknecht W., Comprehensive Cellulose Chemistry; Wiley-VCH: Weinheim, Alemanha, 1998; Volume 1.

(43) Mashkov Y.K., Egorova V.A. , 6 O.V. , and Maliy O.V., Polymer Nanocomposites Development and Research for Petrochemical and Oil and Gas Production Equipment, Procedia Engineering , Volume 152, 2016, Pages 545-550.

(44) Chopra Kamal Nain, Nanopartículas e Compósitos de Metal Nobre para Ótica Não Linear e suas Aplicações - Uma Análise Técnica e Breve Revisão, L.Am. J.Phys. E, 824 -8 No.1 (2014) 224-234.

(45) Walia Ritu e Chopra Kamal Nain , Conceção e Modelação Numérica de Sensores de Temperatura de Ressonância Plasmónica de Superfície baseados em Fibras de Cristal Fotónico com ênfase em Metamateriais Quânticos Óticos Plasmónicos e Nanofotónicos, Procedimentos do 12.º Simpósio Internacional de Fotónica e Optoeletrónica SOPO (2019) , Xian, CHINA, TAYLOR e FRANCIS PUBL. GROUP (Oxfordshire, Reino Unido).

(46) Chopra Kamal Nain e Walia Ritu, Aspectos de Conceção para a Otimização do Desempenho de Absorvedores de Metamateriais de Banda Dupla Úteis para Camuflagem IR em Aeronáutica. J Aeronaut Aerospace Eng. 9

(2020): 232. doi: 10.35248/ 2168-9792.20.9.232.
(47) Birkl Christoph, Frost Damien, and Bizeray Adrien, How to design a BMS , the brain of Battery Design System (Dec 15 2021), Vol.29 of PV Tech Power, Solar Media's quarterly technical journal.
(48) Dispositivo actua como célula solar e bateria (2021) Physics World...
(49) Lin, J., Dellinger, J., Genevet, P., Cluzel, B., de Fornel, F. & Capasso, F. Feixe plasmónico Cosine-Gauss: Uma onda de superfície localizada de longo alcance e não difractora. Physical Review Letters, 2012.
(50) Zeng S., Yong Ken-Tye, Roy Indrajit, Dinh Xuan-Quyen, Yu Xia, e Luan Feng, Uma revisão sobre nanopartículas de ouro funcionalizadas para aplicações de biossensores, Plasmonics 6 (2011) 491-506.
(51) Zeng Shuwen, Yu Xia, Law Wing-Cheung, Zhang Yating, Hu Rui, Dinh Xuan-Quyen, Ho Ho-Pui e Yong Ken-Tye, Dependência do tamanho da ressonância plasmónica de superfície melhorada por Au NP com base na medição de fase diferencial, Sensores e Actuadores B: Química 176 (2012) 1128. .
(52) Gonzalez-Diaz, Juan B., Garcia-Martin Antonio, Garcia-Martin Jose M., Cebollada Alfonso, Armelles Gaspar, Sepulveda Borja, Alaverdyan Yury, e Kall Mikael, Plasmonic Au/Co/Au nanosandwiches with Enhanced Magneto-Optical Activity, Small 4 (2008) 202-2051765.
(53) Schuller Jon, Barnard Edward, Cai Wenshan, Jun, Young Chul, White Justin e Brongersma Mark L., Plasmonics for Extreme Light Concentration and Manipulation. Nature Materials 9 (2010) 193-204.
(54) Brongersma Mark e Shalaev Vladimir, The case for plasmonics. Science 328 (2010) 440-441.
(55) Le Ru E. C. e Etchegoin P. G., Principles of Surface-Enhanced Raman Spectroscopy. Elsevier, 2009.
(56) Maier S. A., Plasmonics: Fundamentals and Applications. Springer, 2007.
(57) /) Sarid D. e Challener W., Modern Introduction to Surface Plasmons: Theory, Mathematica Modelling, and Applications. Cambridge University Press, 2010.
(58) Keating T., Park S.H., Minch J., et al., Optical gain measurements based on fundamental properties and comparison with many-body theory, J. Appl. Phys., 86 (1999) 2945-2952.
(59) Eaton SW, Fu A, Wong AB, Ning C-Z e Yang P. Lasers de nanofios semicondutores. Nat Rev Mater 2016;1:16028.
(60) Couteau C, Larrue A, Wilhelm C, Soci C. Nanowire lasers.
Nanophotonics 2015;4:90-107.
(61) Jablan Marinko, Buljan Hrvoje e Soljacic Marin, Plasmonics in graphene

at infrared frequencies, Phys. Rev. B 80(2009) 245435.

(62) Koppens, Frank H. L. , Chang, Darrick E., Garda de Abajo e Javier F. Graphene Plasmonics: Uma plataforma para fortes interações entre luz e matéria. Nano Letters, 11(2011). pp. 3370-3377.

(63) Stewart Matthew E., Anderton Christopher R., Thompson Lucas B., Maria Joana, Gray Stephen K., Rogers John A. e Nuzzo Ralph G., Nanostructured Plasmonic Sensors, Chem. Rev., 108 (2008) 494-521.

(64) Ahmed O. S. , Bakr M. H., Li X. , and Nomura T. , Adjoint variable method for two-dimensional plasmonic structures, Optics Letters, 37 (2012) pp. 3453-3455.

(65) Chu Hong-Son, Kurniawan Oka, Zhang Wenzu, Li Dongying, Li Er-Ping. Automação de design eletrónico de nível de sistema integrado (EDA) para a conceção de nanocircuitos plasmónicos, IEEE Transactions on Nanotechnology, 11 (2012) 731.

(66) Davis TJ, Hentschel M, Liu N, Giessen H., Modelo analítico da régua plasmónica tridimensional. ACS Nano. 6 (2012) 1291-1298.

(67) Zhu, W. , Divitt, S. , Davis, M. , Zhang, C. , Xu, T. , Lezec, H. e Agrawal, A. (2020), Plasmon Lasers, Encyclopedia of Applied Physics, [online], https://doi.org/10.1002/3527600434.eap819 (Acessado em 12 de abril de 2021).

(68) Singh Nandita , Dkhar Daphika S. , Chandra Pranjal e Azad Uday Pratap , Biosensors 2023, 13(2) https://doi.org/10.3390/bios13020166..

(69) Han Xiangjun , Xu Ke, Taratula Olena, e Farsad Khashayar Applications of Nanoparticles in Biomedical Imaging, Nanoscale. Manuscrito do autor; disponível em PMC 2021, 11 de maio, doi: 10.1039/c8nr07769j, PMCID: PMC8112886,NIHMSID: NIHMS1696281, PMID: 30603750.

(70) Dolai Jayanta , Mondal Kuheli e Jana Nikhil R., Nanoparticle Size Effects in Biomedical Applications, ACS Appl. Nano Mater. 2021, 4, 7, 6471-6496, Publicação Data: 2 de julho de 2021, https://doi.org/10.1021/acsanm.1c00987.

Capítulo 5

Biopolímeros e compósitos verdes

1 Polímeros naturais biodegradáveis

Os polímeros biodegradáveis naturais são uma classe especial de polímeros que se decompõem após o fim a que se destinam através do processo de decomposição bacteriana, resultando em subprodutos naturais como gases, por exemplo CO2, N2, água, biomassa e sais inorgânicos. Curiosamente, estes polímeros são encontrados tanto naturalmente como sinteticamente, consistindo maioritariamente em ésteres, amidas e outros grupos funcionais. As suas propriedades e mecanismo de decomposição dependem principalmente da sua estrutura exacta e são normalmente sintetizados por reacções de condensação, polimerização de abertura de anel e catalisadores metálicos. Há um grande número de exemplos e aplicações de polímeros biodegradáveis. Os materiais de embalagem de base biológica têm sido amplamente utilizados como uma alternativa ecológica nas últimas décadas, entre os quais as películas comestíveis têm ganho mais atenção devido às suas caraterísticas amigas do ambiente, grande variedade e disponibilidade, não toxicidade e baixo custo. A estrutura dos polímeros biodegradáveis determina as suas propriedades. Embora existam inúmeros polímeros biodegradáveis, tanto sintéticos como naturais, há alguns pontos comuns entre eles.

Os polímeros biodegradáveis são facilmente convertidos em moléculas simples como H2O, NH3, CO2, N, etc. pela reação de decomposição das bactérias e, uma vez que os produtos finais são muito ecológicos, pois não são perigosos para a terra, os materiais biodegradáveis estão a encontrar uma enorme aplicação em muitos domínios.Os melhores exemplos de polímeros biodegradáveis são o ácido poliglicólico (PGA), o nylon-2-nylon -6, a policaprolactona e o polihidroxibutirato. Preparação do nylon-2-nylon 6, Os monómeros são a glicina e o ácido amino caproico.

IINII2CII2CO()II-IINII2ICII2)5C()()II>

[-CG-CH2-NH-CO-(CH2)5-NH-].

O polímero chama-se nylon-2 -nylon -6 porque há 2 átomos de carbono na glicina e 6 átomos de carbono no ácido amino caproico.

Os polímeros biodegradáveis são constituídos por ligações éster, anida ou outras. Na sua maioria, os polímeros biodegradáveis podem ser classificados em dois grandes grupos, com base na sua estrutura e síntese, por exemplo: (i) agro-polímeros, ou os derivados da biomassa; e (ii) constituídos por biopoliésteres, que são os derivados de microrganismos ou produzidos sinteticamente a partir de monómeros naturais ou sintéticos. A organização dos polímeros biodegradáveis com base na sua estrutura e ocorrência é apresentada de seguida:

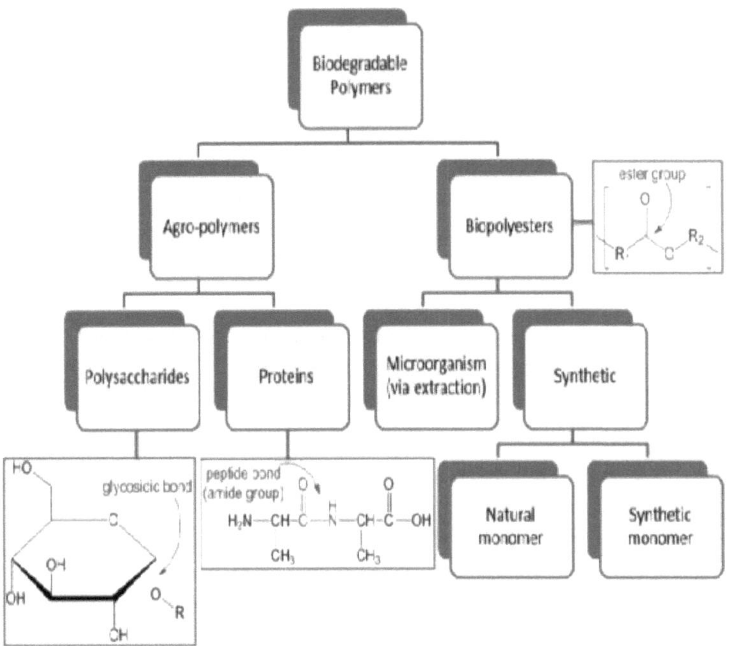

Fig.1 Organização dos polímeros biodegradáveis com base na estrutura e na ocorrência. Figura cortesia de sciencedirect.com.

Recentemente, os investigadores têm efectuado muitas investigações sobre as aplicações dos biopolímeros. Chopra (1) discutiu os recentes avanços em biopolímeros e compósitos verdes, com ênfase nas aplicações de investigação em ambiente sustentável. Chopra e Anshu Dev (2) descreveram em pormenor as aplicações de compósitos poliméricos para o controlo da poluição da água.

Os agro-polímeros têm a forma de polissacáridos, como os amidos encontrados nas batatas ou na madeira, e de proteínas, como o soro de leite de origem animal ou o glúten de origem vegetal. Os polissacáridos são constituídos por ligações glicosídicas, que pegam num hemiacetal de sacarídeo e o ligam a um álcool através da perda de água. As proteínas são sintetizadas a partir de aminoácidos, que contêm vários grupos funcionais. Estes aminoácidos juntam-se novamente através de reacções de condensação para formar ligações peptídicas, que consistem em grupos funcionais amida. Exemplos comuns de biopoliésteres incluem o polihidroxibutirato e o ácido poliláctico. Embora os polímeros biodegradáveis tenham inúmeras aplicações, existem propriedades que são comuns entre eles. Todos os polímeros biodegradáveis têm de ser suficientemente estáveis e duráveis para serem utilizados na sua aplicação

específica, mas, quando eliminados, devem decompor-se facilmente. Os polímeros, especificamente os polímeros biodegradáveis, têm backnones de carbono muito fortes que são difíceis de quebrar, de tal forma que a degradação começa frequentemente a partir dos grupos terminais. Uma vez que a degradação começa na extremidade, é comum uma área de superfície elevada, pois permite um acesso fácil à luz química ou aos organismos. A cristalinidade é geralmente baixa, pois também inibe o acesso aos grupos terminais. Normalmente, observa-se um baixo grau de polimerização, o que permite grupos terminais mais acessíveis para reação com o iniciador da degradação. Outra caraterística comum destes polímeros é a sua hidrofilicidade. Os polímeros hidrofóbicos e os grupos terminais impedem uma enzima de interagir facilmente se a enzima solúvel em água não conseguir entrar facilmente em contacto com o polímero. Outras propriedades dos polímeros biodegradáveis que são comuns entre os utilizados para fins medicinais incluem: não serem tóxicos, serem capazes de manter uma boa integridade mecânica até à degradação e serem capazes de controlar as taxas de degradação. O objetivo da investigação é não provocar uma resposta imunitária e os produtos de degradação também não precisam de ser tóxicos, o que é importante, uma vez que os polímeros biodegradáveis são utilizados para a administração de medicamentos, em que é fundamental libertar lentamente o medicamento no organismo ao longo do tempo, em vez de o libertar de uma só vez, e que o comprimido se mantenha estável no frasco até estar pronto para ser tomado.
Os principais factores que controlam a taxa de degradação incluem a percentagem de cristalinidade, o peso molecular e a hidrofobicidade. A taxa de degradação depende da localização no corpo, o que influencia o ambiente que rodeia o polímero, como o pH, a concentração de enzimas e a quantidade de água, entre outros. Estes são fácil e rapidamente decompostos. A reação subjacente é explicada a seguir:

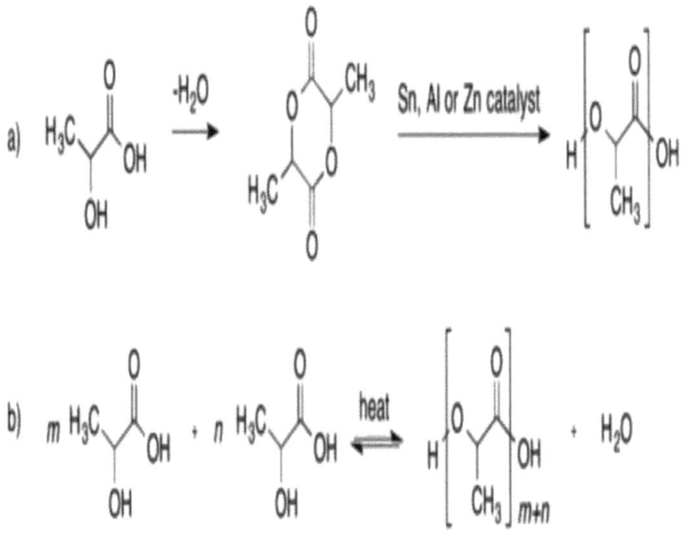

Fig.2 Exemplo de rotas para a formação de poliésteres utilizando ácido lático. a) Condensação do ácido lático em lactídeo dimérico seguida de polimerização de abertura do anel para formar ácido poliláctico (PLA); b) Condensação direta do ácido lático, demonstrando a necessidade de remover continuamente a água do sistema para fazer avançar a reação. Figura cortesia da wikipedia sobre polímeros biogradáveis.

Os PLA são basicamente sintetizados em três etapas, ou seja, (i) produção de LA por fermentação microbiana, (ii) purificação de LA seguida da preparação do seu dímero cíclico (lactídeo) e (iii) policondensação de LA ou polimerização de abertura de anel (ROP) de lactídeos. Embora os poliésteres dominem a investigação e a indústria no que respeita aos polímeros biodegradáveis sintéticos, existem outras classes de polímeros que também suscitam interesse. Os polianidridos são uma área de investigação ativa no domínio da administração de medicamentos, uma vez que só se degradam a partir da superfície e, por isso, são capazes de libertar o medicamento que transportam a uma taxa constante. Os polianidridos podem ser produzidos através de uma variedade de métodos também utilizados na síntese de outros polímeros, incluindo a condensação, a desidrocloração, o acoplamento desidrativo e a ROP. Os poliuretanos e os poli(ésteres amida) são utilizados em biomateriais. Os poliuretanos foram inicialmente utilizados pela sua biocompatibilidade, durabilidade, resiliência, mas mais recentemente estão a ser investigados pela sua . Os poliuretanos são normalmente sintetizados utilizando um diisocianato, um diol e um extensor de cadeia polimérica. A reação inicial é realizada entre o diisocianato e o diol, com o diisocianato em excesso para assegurar que as extremidades da nova cadeia polimérica são grupos isocianato. Este polímero pode então ser reagido com um diol ou uma diamina para formar grupos terminais de uretano ou uretano-ureia, respetivamente. A escolha dos grupos terminais afecta as propriedades do polímero resultante. Além disso, a utilização de óleo vegetal e de biomassa na formação de poliuretanos é uma área de investigação ativa. A síntese do poliuretano é efectuada a partir de um diisocianato e de um diol.

As propriedades mecânicas dos polímeros biodegradáveis podem ser melhoradas com a adição de cargas ou outros polímeros para fazer um compósito. Os materiais sustentáveis que têm matrizes compostas por fibras naturais são conhecidos como compósitos verdes. São atualmente uma área comum de investigação devido ao facto de serem sustentáveis tanto em termos dos reagentes utilizados para os fabricar como dos resíduos e biprodutos mínimos ou inofensivos criados durante a sua síntese. Os compósitos de polímeros reforçados com fibras naturais utilizados no seu desenvolvimento baseavam-se em fibras naturais, como o abacá e o linho, como materiais de reforço. A produção de fibra de carbono consome muita energia, é difícil de reciclar e não é biodegradável. A fibra de carbono não pode ser refundida e reciclada como o alumínio e, até há pouco tempo, não existia nenhuma solução sustentável para o fim de vida da fibra de carbono.

2 Conceito de fibras verdes

As fibras verdes são também conhecidas como fibras ecológicas ou fibras orgânicas, uma vez que provêm de fontes naturais, como plantas e animais. São também conhecidas como fibras ecológicas devido à sua natureza amiga do ambiente. Degradam-se rapidamente, podem ser recicladas facilmente e têm um baixo impacto ambiental.

3 Pontos a considerar na escolha de um sistema para aplicações de armazenamento de energia

Há muitos pontos a ter em conta antes de escolher um sistema para obter um desempenho ótimo. Alguns dos mais importantes são: Eco-friendly maduro, tipo de material compósito, os 7 componentes da construção verde, 5 ideias da computação verde, os benefícios da tecnologia verde, as aplicações da tecnologia verde, os benefícios da tecnologia verde, 3 tipos de fibra, as 3 principais fibras naturais, os dois tipos de fibra, cor da fibra de carbono, celulose verde, celulose de fibra verde, isolamento de fibra verde, material compósito e formação de compósitos formados,

É de salientar que os compósitos verdes combinam fibras vegetais com resinas

naturais para criar materiais compósitos naturais. Os compósitos verdes são biodegradáveis. As melhores escolhas de compósitos dentários são: Venus Diamond. SonicFill 2. E Estelite Omega. As desvantagens da computação verde são: A implementação inicial é dispendiosa, a mudança frequente de tecnologia, a TI verde causa mais encargos a um indivíduo. A disparidade no nível de compreensão entre as várias empresas, profissionais e utilizadores finais, e menos cursos e publicações relacionados com a computação verde.
Gopinath et al (3) fizeram uma revisão do estado da arte sobre os efeitos dos biopolímeros em aplicações de armazenamento de energia. Este documento aborda a aplicação de biopolímeros no armazenamento de energia, o que é útil para investigar a escolha de polímeros biogradáveis no armazenamento de energia. O campo dos dispositivos de armazenamento de energia tem evoluído graças aos esforços concentrados de muitos investigadores, devido às suas importantes aplicações em praticamente tudo, desde dispositivos electrónicos práticos a veículos eléctricos. A escolha dos materiais para os dispositivos de armazenamento de energia é um passo importante para melhorar o seu desempenho global. Embora os materiais tradicionais comuns apresentem resultados de desempenho bastante bons, enfrentam muitos problemas ambientais relacionados com a síntese, o consumo e a eliminação. Devido às suas más consequências para o ambiente, a gestão da maioria dos materiais e produtos convencionais é motivo de grande preocupação, o que levou ao desenvolvimento de biopolímeros (BPs) para resolver os problemas causados pelos materiais tradicionais e atrair uma atenção científica substancial, o que resultou numa evolução para produtos e materiais amigos do ambiente. Os biopolímeros são sintetizados a partir de recursos biológicos disponíveis na natureza e mostram um potencial substancial entre as aplicações de armazenamento de energia de alto desempenho.
Os compostos sintéticos que causam problemas ambientais cada vez maiores levaram à necessidade de utilizar BPs ecológicos derivados da biomassa para substituir os produtos tradicionais à base de petróleo, o que despertou um grande interesse na comunidade científica e na sociedade, uma vez que irá salvar o nosso ambiente da poluição e ajudar-nos a deixar um lugar melhor na Terra para as gerações futuras. No passado recente, os artigos de investigação provam o desempenho a par dos BPs em relação aos polímeros sintéticos em muitos tipos de aplicações no sector da energia, na indústria alimentar, no sector do tratamento de águas, na proteção ambiental e nos domínios médicos. No entanto, o facto é que, entre tantas aplicações, desde utensílios domésticos a aplicações espaciais, estamos a utilizar polímeros sintéticos.
Os dispositivos de armazenamento de energia são essenciais para gerir a

utilização de energia numa variedade de aplicações, incluindo equipamento automóvel e elétrico. Os materiais utilizados para fabricar estes dispositivos, tais como SC (SC Material ou "SC" significa componentes ou serviços fornecidos ao abrigo de um contrato ou outra relação comercial com a Flextronics e a Flextronics mantém o controlo de fornecimento), e baterias, podem controlar a sua eficiência e vida útil. A melhor eficiência e longevidade destes dispositivos depende do seu design e da combinação de vários componentes. Embora os materiais sintéticos possam proporcionar um desempenho excecional, têm muitas desvantagens devido à sua composição sintética.

Tang et al (4) descreveram as membranas biomiméticas de aquaporina que estão a amadurecer. Está bem estabelecido que os processos com membranas têm sido amplamente utilizados para a purificação da água devido à sua elevada estabilidade, eficiência, baixa necessidade de energia e facilidade de operação. As membranas tradicionais de dessalinização são, na sua maioria, películas poliméricas densas com um efeito de "compromisso" entre permeabilidade e seletividade. As membranas biológicas, por outro lado, podem efetuar o transporte em alguns casos com propriedades excepcionais de fluxo e de rejeição. Em particular, a descoberta de proteínas selectivas de canais de água - aquaporinas - suscitou o interesse em utilizar estas proteínas como blocos de construção para novos tipos de membranas. O maior desafio no desenvolvimento de uma tecnologia de membranas baseada em aquaporinas resulta do facto de a proteína aquaporina abranger uma membrana com apenas alguns nanómetros de espessura. Estas membranas ultrafinas não serão capazes de suportar quaisquer pressões substanciais, nem de ser industrialmente escaláveis sem estruturas de suporte. A incorporação das proteínas da aquaporina em materiais compatíveis, assegurando simultaneamente o desempenho da membrana, a escalabilidade e a produção económica, é crucial para um desenvolvimento tecnológico bem sucedido. As primeiras sugestões para a utilização de aquaporinas na tecnologia de membranas surgiram há cerca de dez anos e, atualmente, estão a ser feitos muitos esforços nesse sentido.

Wu et al (5) discutiram os desafios e as novas oportunidades no desempenho de barreira dos polímeros biodegradáveis para embalagens sustentáveis. Aziz et al (6) estudaram o sistema de capacitação natural para o futuro da energia magra (Fig.3).

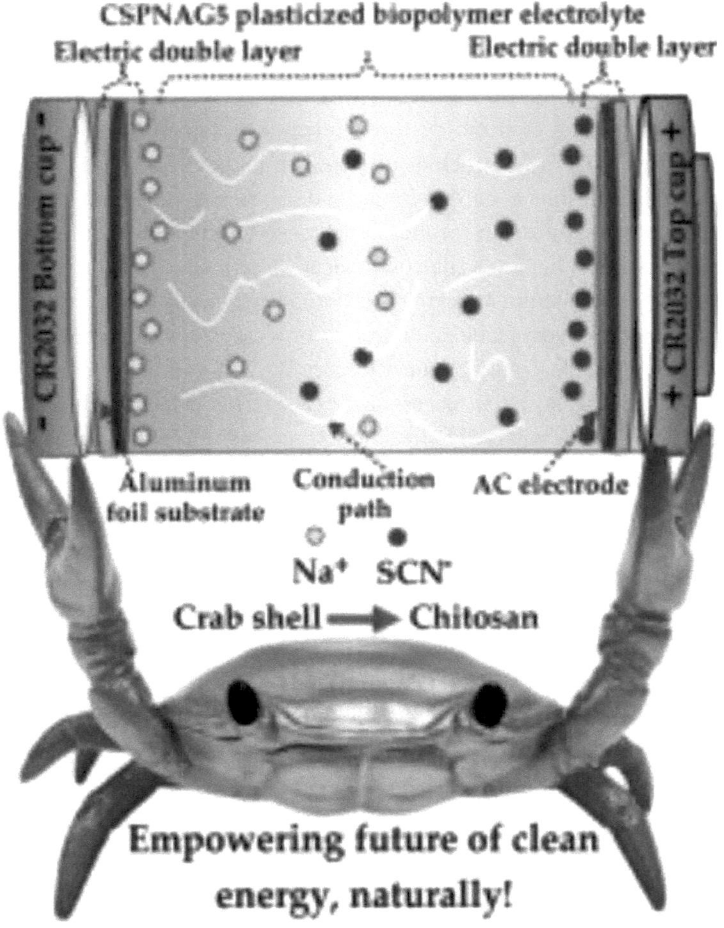

Fig.3 O sistema de potenciar naturalmente o futuro da energia magra. Figura cortesia de Aziz Shujahadeen B. , Abdulwahid Rebar T. , Mohammed Sewara J. , Aziz Dara M. , Hamsan Muhamad H. , Halim Norhana Abdul , Al- Saeedi Sameerah I. , Karim Wrya O. , Woo Haw J. , and Kadir Mohd F.Z., Clean energy storage device derived from biopolymers with moderate chargedischarge cycles: Propriedades estruturais e electroquímicas. Journal of Industrial and Engineering Chemistry, Volume 130, 25 de fevereiro de 2024, Páginas 673-687.

Phiri et al (7) apresentaram uma revisão sobre o "Desenvolvimento de compósitos sustentáveis à base de biopolímeros para aplicações ligeiras a partir de biomassa de resíduos agrícolas". A exaustão dos recursos naturais disponíveis e as crescentes preocupações com o ambiente têm levado a um desejo crescente de descobrir formas inovadoras de produzir materiais amigos do ambiente, pelo que, num esforço para aliviar as questões ambientais relacionadas com a eliminação de resíduos agrícolas, muitos estudos têm-se dedicado à investigação relacionada com a gestão de resíduos agrícolas. Todos os anos, são criadas enormes quantidades de resíduos agrícolas, o que constitui um problema importante do ponto de vista económico e ambiental, uma vez que estes resíduos podem ser utilizados como matérias-primas secundárias para criar produtos de valor acrescentado, de acordo com os princípios orientadores da economia circular. Como enfatizado por eles, a exploração de resíduos agrícolas naturais tornou-se crítica para o desenvolvimento de compósitos sustentáveis à base de biopolímeros para aplicações leves. A sua análise apresenta uma panorâmica do desenvolvimento e da utilização de resíduos agrícolas para criar blocos de construção de biopolímeros a associar a reforços naturais para o fabrico de compósitos biológicos sustentáveis para aplicações ligeiras, tendo concluído que o desenvolvimento de compósitos sustentáveis à base de biopolímeros a partir de biomassa agrícola oferece uma via promissora para um futuro mais amigo do ambiente.

Referências

(1) Chopra Kamal Nain, Recent Advances in Biopolymers and Green Composites with Emphasis on Research Applications In Water Pollution Control and Sustainable Environment, PLENARY LECTURE CIPET 2023, KOCHI (24 Nov 2023), Central Institute of Petrochemicals Engineering, and Technology, Department of Chemicals and Petrochemicals, Ministry of Chemicals and Fertilizers, Government of India.

(2) Chopra Kamal Nain e Dev Anshu, A Technical Note on Advances in Applications of Polymer Composites for Water Pollution Control and Sustainable Environment, Journal of Renewable Energy.

(3) Gopinath Gokul , AyyasamySakunthala , Shanmugaraj Pavithra , Swaminathan Rajesh , Subbiah Kavitha , and Kandasamy Senthilkumar , Effects of biopolymers in energy storage applications: A state-of-the-art review, Journal of Energy Storage, Volume 70, 15 de outubro de 2023, 108065; https://doi.org/10.1016/j.est.2023.108065.

(4) Tang Chuyang, Wang Zhining , Petrinic Irena, Fane Anthony G., Helix-Nielsen Claus, Biomimetic aquaporin membranes coming of age, Desalination, Volume 368, 15 de julho de 2015, Páginas 89-105.

(5)Wu Feng , Misra Manjusri , and Mohanty Amar K. , Challenges and new opportunities on barrier performance of biodegradable polymers for sustainable packaging, Progress in Polymer Science, Volume 117, junho de 2021, 101395.

(6) Aziz Shujahadeen B. , Abdulwahid Rebar T. , Mohammed Sewara J. , Aziz

Dara M. , Hamsan Muhamad H. , Halim Norhana Abdul , Al- Saeedi Sameerah I. , Karim Wrya O. , Woo Haw J. , and Kadir Mohd F.Z., Clean energy storage device derived from biopolymers with moderate chargedischarge cycles: Propriedades estruturais e electroquímicas. Journal of Industrial and Engineering Chemistry, Volume 130, 25 de fevereiro de 2024, Páginas 673-687.
(7) Phiri Resego , MavinkereSanjay ,
Rangappa , Suchart Siengchin , Oluseyi Philip Oladijo , and Hom Nath Dhakal, Development of sustainable biopolymer-based composites for lightweight applications from agricultural waste biomass: A review, Advanced Industrial and Engineering Polymer Research
Volume 6, Número 4, outubro de 2023, Páginas 436-450.

Capítulo 6

Junções Magnéticas de Tunelamento e suas Aplicações em Dispositivos Spintrónicos

1 Spintrónica

O transporte de spins em materiais electrónicos, a dinâmica de spins e a relaxação de spins são os três parâmetros que devem ser estudados em pormenor para a conceção e o fabrico de dispositivos spintrónicos. Os pontos a investigar são: deteção de spins, forma eficaz de polarizar um sistema de spins e duração da recordação da orientação de spins pelo sistema.

A geração de polarização de spin significa criar uma população de spin sem equilíbrio, o que é conseguido através de uma técnica ótica em que os fotões circularmente polarizados transferem os seus momentos angulares para os electrões, ou através de injeção eléctrica de spin, que se considera ser mais adequada para aplicações em dispositivos. Na última técnica, um elétrodo magnético é ligado à amostra, onde o spin sem equilíbrio é acumulado, quando a corrente conduz os electrões polarizados por spin do elétrodo para a amostra. É importante notar que a taxa de acumulação de spin depende da relaxação do spin, ou seja, do processo pelo qual o spin acumulado é trazido de volta ao equilíbrio.

Os mecanismos de relaxação do spin envolvem, na sua maioria, o acoplamento spin-órbita para fornecer o potencial dependente do spin, que, juntamente com a dispersão do momento, fornece uma força aleatória. A relaxação do spin varia entre picossegundos e microssegundos e, nos sistemas electrónicos, é de ~ nanossegundos. É interessante notar que a deteção de spin se baseia na deteção das alterações nos sinais causadas pela presença de spin sem equilíbrio no sistema. A dificuldade em otimizar o desempenho dos dispositivos spintrónicos consiste em maximizar a sensibilidade da deteção de spin para um nível em que seja possível detetar não só o spin, mas também as alterações nos estados de spin.

2 Junções magnéticas de túnel (MTJ)

O MTJ é uma estrutura de película fina multicamadas, composta pela colocação de um isolador entre um ferromagneto duro interno e um ferromagneto macio externo. A pilha é designada por FM/I/FM, quando os dois ferromagnetos são materiais metálicos. O primeiro MTJ foi realizado sob a forma de uma heteroestrutura híbrida Fe/GeO/Co. Posteriormente, conseguiu-se uma TMR muito mais elevada utilizando alumina amorfa (Al2O3). Tal como descrito por Butler et al (1) e Mathon e Umerski (2), o campo evoluiu com a alteração da estrutura morfológica do óxido de túnel, uma vez que se previam teoricamente valores muito elevados de TMR para barreiras de óxido monocristalinas ou

epitaxiais completamente ordenadas. O aumento adicional da TMR foi subsequentemente conseguido através da
substituição da alumina por magnésia (MgO) e, em seguida, optimizando os materiais do elétrodo FM com a introdução do CoFeB. Finalmente, a utilização de ligas macias e de ligas duras de CoCr levou a tecnologia de fabrico de MTJ a um nível ainda mais elevado.

As junções de túnel magnético são fabricadas por tecnologia de película fina. Enquanto no laboratório são utilizadas várias técnicas de deposição como a epitaxia de feixe molecular, a deposição por laser pulsado e a deposição física de vapor por feixe de electrões para fabricar as MTJ, à escala industrial a deposição da película é feita por pulverização catódica de magnetrões. Uma junção de túnel magnético é constituída por duas camadas de metal magnético, por exemplo, ferro-cobalto, separadas por uma camada ultrafina de isolante, na sua maioria óxido de alumínio com uma espessura de cerca de 1 nm. Devido à camada isolante ultrafina, os electrões podem fazer um túnel através da barreira quando se aplica uma tensão de polarização entre os dois eléctrodos metálicos. É óbvio que a corrente de tunelamento depende da orientação relativa das magnetizações das duas camadas ferromagnéticas e pode ser alterada por um campo magnético aplicado. Este fenómeno é uma consequência direta do tunelamento dependente do spin e é designado por magnetorresistência de tunelamento (TMR). MTJs baseados em ferromagnetos de metais de transição. Já foram fabricadas barreiras de Al2O3 com caraterísticas reprodutíveis e com valores de TMR até 50% à temperatura ambiente. De facto, foram observados valores ainda mais elevados de TMR em MTJs cristalinos com barreiras de MgO, e este trabalho aumentou ainda mais o interesse pelo tunelamento dependente do spin. Atualmente, as MTJ estão a ser cada vez mais utilizadas em memórias magnéticas de acesso aleatório. A MTJ é ilustrada na figura seguinte:

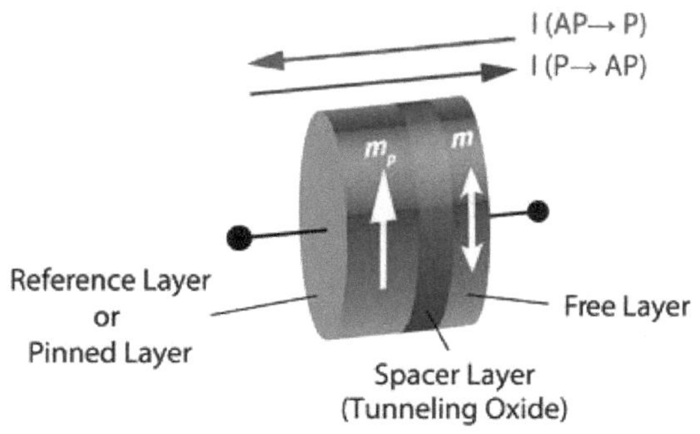

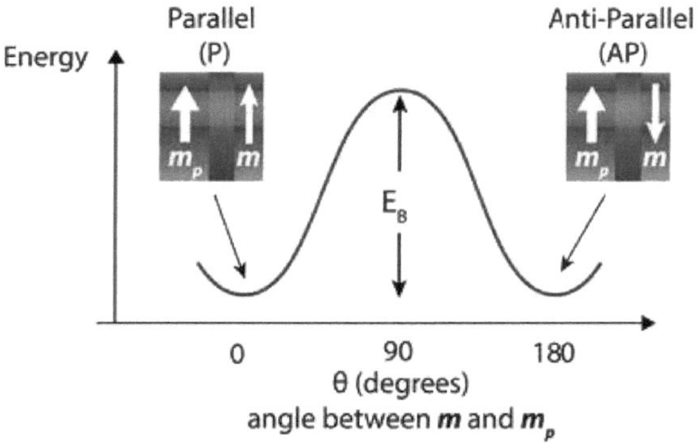

Fig. 1 Junção magnética de Tynnel. Figura cortesia de ResearchGate.net

E a TMR é dada pela seguinte expressão:
TMR=[{(Rap-Rp)/Rp].
A resistência magnética gigante (MR) é dada por:
MR=AR/Ro = {(Ro - RH)/RO},
onde Ro representa o valor da resistência das amostras sob campo magnético zero e RH representa o valor da resistência da amostra sob campo magnético. A GMR é também designada por magnetorresistência colossal (CMR) em alguns estudos de investigação.
O efeito da variação entre as direcções dos spins paralelos e antiparalelos na Energia é o que se mostra a seguir:

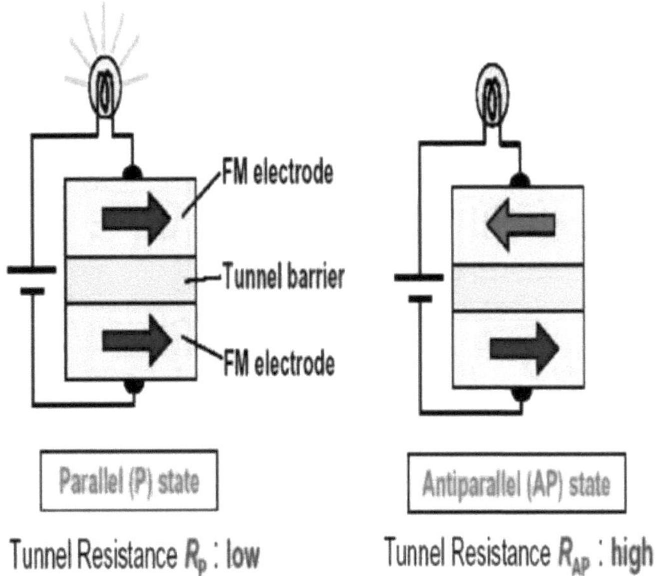

Fig.2 Energia versus ângulo entre a direção dos spins paralelos e antiparalelos. Figura cortesia de ResearchGate.net

A Magnetoresistência (MR) depende do campo aplicado. Esta variação é mostrada na figura seguinte:

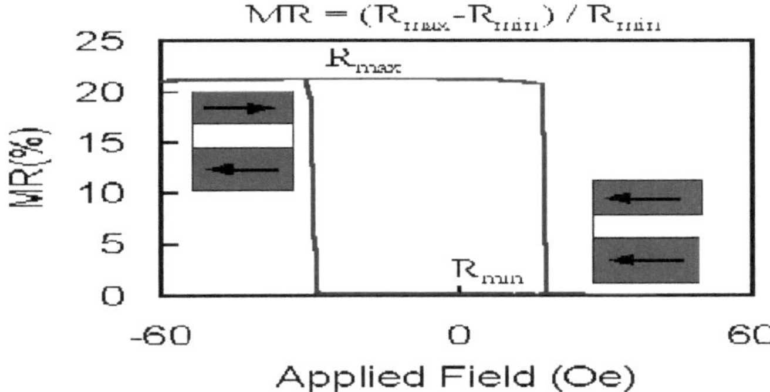

Fig.3 Uma curva MR para um bit MTJ, mostrando a variação da resistência magnética com o campo aplicado (Oe). A resistência é baixa/alta quando a polarização das camadas magnéticas é paralela/antiparalela. Figura Cortesia de ScienceDirect.com

A variação da TMR com o campo - gH (kOe) a 300k foi discutida na literatura e reproduzida abaixo:

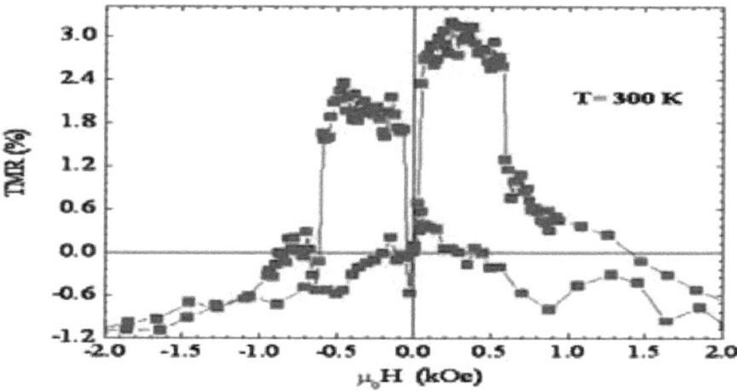

Fig. 4 Variação da Magnetoresistência de Tunelamento com o Campo -gH (kOe) a 300K. Figura cortesia de ResearchGate.net

Na prática, existem dois tipos de MTJ, que se baseiam em (i) Coercividades diferentes e (ii) polarização por troca utilizando um antiferromagneto. Estes são apresentados e explicados na figura seguinte:
Dois tipos diferentes de coercividades de polarização de troca MTJ (Magnetic Tunnel Junction) usando antiferromagnet.

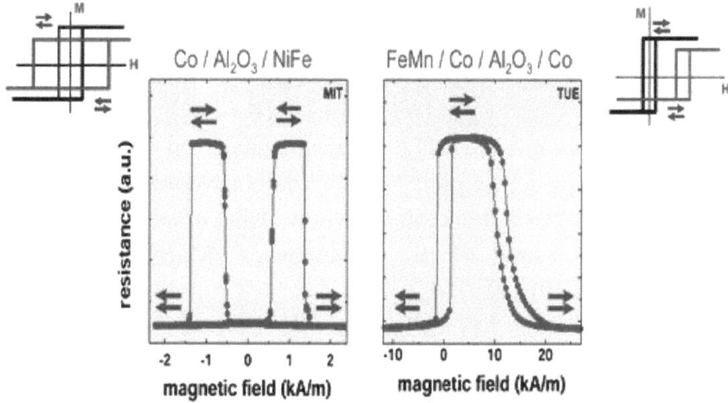

campo magnético (кA/m) campo magnético (kA/m)

NiFe: Camada livreCo : Camada livre

Al2O3: Barreira de túnel Al2O3: Barreira de túnel

Co: Camada fixada (TMR ~ 80%) Co: Camada fixada

FeMn: Camada de fixação

Fig.5 Dois tipos de MTJ - (i) Coercividades diferentes, (ii) polarização de troca usando antiferromagnetos. Figura Cortesia de ScienceDirect.com

Existem muitos tipos de estruturas de TMR MTJ, constituídas por várias camadas de diferentes materiais, como Co, Fe, MgO, Ru, CoFe, CoFeB, MnIr, TaN, Ta e SiO2. Estas são fabricadas por diferentes técnicas de revestimento -

Epitaxia por feixe molecular (MBE), pulverização catódica por feixe de iões (IBS) + pulverização catódica reactiva por magnetrão e pulverização catódica por magnetrão.

Ikeda et al (3) estudaram e discutiram em pormenor a estrutura do MTJ. O esquema da estrutura estudada por eles é apresentado de seguida:

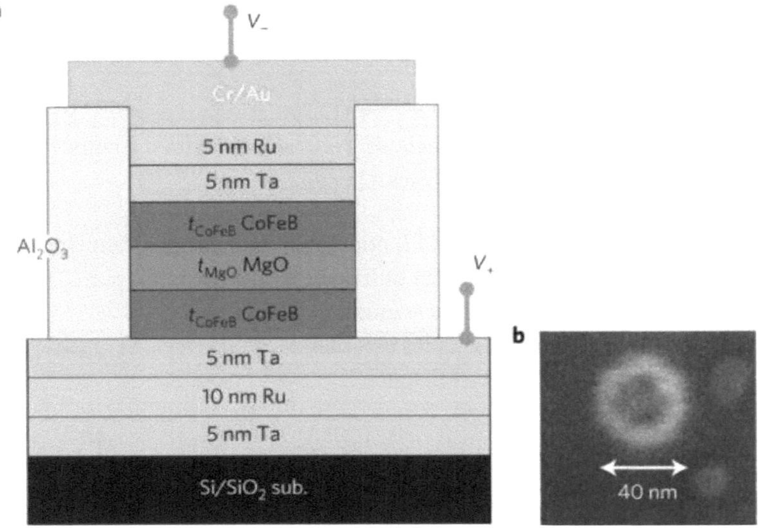

Fig. 6 Uma estrutura simples de MTJ. (a) Esquema de um dispositivo MTJ para TMR (b) Vista superior de um pilar MTJ obtida por Microscópio Eletrónico de Varrimento. Figura Cortesia de Ikeda, S., Miura, K., Yamamoto, H., Mizunuma, K., Gan, H. D., Endo, Kanai, M., S. , Hayakawa, J., Matsukura F., e Ohno H., Nature Materials 9 (2010) 721-724.

O primeiro estudo sobre as MTJ à base de MgO efectuado por Platt et al. (4) suscitou um grande interesse por parte de vários investigadores, o que levou a um surto de investigações. Foram envidados esforços no sentido de desenvolver taxas TMR muito elevadas, bem como de ajustar o valor absoluto da resistência de acordo com a aplicação pretendida, por exemplo, no caso das MRAM e das cabeças de leitura HD, é necessário fazer o casamento das impedâncias, dado que o funcionamento a alta velocidade dos circuitos electrónicos exige o casamento das impedâncias. Um grande esforço neste sentido foi feito por Yuasa (5), que estudou este caso do sensor da cabeça de leitura HD e recomendou um valor para a resistência por área inferior a 1 W ϕ p m, com TMR > 50% para gravação num suporte com uma densidade1 de 500 Gbit / in2. Note-se que um valor de TMR superior a 200% é designado por Grande TMR (GTMR). Zhang e Butler (6) estudaram teoricamente as MTJs epitaxiais monocristalinas de Fe/MgO/Fe e Co/MgO/Co, uma vez que estas têm aplicações potenciais em muitos dispositivos exigentes. No entanto, Meyerheim et al (7) referem que este trabalho tem uma série de problemas associados, uma vez que as estruturas epitaxiais reprodutíveis só podem ser preparadas recorrendo à epitaxia por feixe molecular (MBE) e que a qualidade da interface está longe de ser realmente boa devido à oxidação local dos eléctrodos de FM. Yuasa et al (8) conseguiram ainda obter 400% de GTMR em dispositivos totalmente epitaxiais de Co/MgO/Co utilizando eléctrodos de Co bcc (001). Parkin et al (9) fabricaram junções de túnel policristalinas altamente orientadas e preparadas para a GTMR, constituídas principalmente por grãos orientados e marginalmente por regiões de fronteira de grãos amorfos, denominadas MTJ texturizadas. Djayaprawira et al (10) criaram uma junção policristalina texturizada CoFeB/MgO/CoFeB. Lee et al (11) demonstraram que o recozimento ex situ a cerca de 360°C restaura a ordem cristalográfica das camadas atómicas de FM próximas da interface, através da chamada epitaxia em fase sólida. Tsunekawa et al. (12) estudaram o efeito de magnetorresistência por tunelamento gigante em MTJs de CoFeB/MgO(001)/CoFeB de baixa resistência para aplicações de cabeça de leitura.

3 Aplicações importantes de MTJs

O esquema genérico de spintrónica num dispositivo prototípico foi discutido por Datta e Das (13) com base no transístor de efeito de campo de spin (SFET). O transístor de efeito de campo (FET) habitual é constituído por um dreno, uma fonte, um canal estreito e uma porta para controlar a corrente na posição (ON) ou (OFF). O SFET é bastante semelhante ao FET, embora o mecanismo de realização física do controlo da corrente seja ligeiramente diferente, no sentido em que, no SFET, a fonte e o dreno são ferromagnetes que actuam como injetor e detetor do spin do eletrão. A função do dreno é injetar electrões com spins paralelos à direção de transporte. O eletrão entra no dreno (ON) se o seu spin for paralelo ao spin do dreno, e é disperso (OFF) se não for esse o caso. A função da porta é a geração de um campo magnético efetivo na direção da tensão da porta V devido ao acoplamento spin-órbita no material do substrato, o que resulta no precessamento dos spins dos electrões. É interessante notar que a modificação da tensão faz com que esta precessão seja paralela ao spin do eletrão no dreno, ou antiparalela a ele, ou qualquer estado entre os dois extremos. É de salientar que a investigação moderna sobre a spintrónica é muito reforçada pelos resultados dos estudos de Rashba (14) e Zutic (15), obtidos em áreas afins como o magnetismo, a física dos semicondutores, a supercondutividade e a ótica. Caliga et al (16) construíram um circuito oscilador de ondas de matéria, que funciona com átomos em vez de electrões.

Recentemente, o domínio dos MTJ está a atrair a atenção de vários investigadores. O interesse tem vindo a aumentar durante a última década. Hoffman et al (17) estudaram a impedância CA spin-torque em MTJs. Foi feita uma observação muito interessante: quando uma junção magnética em túnel é sujeita a uma corrente de spin e/ou tensão eléctrica, induz uma precessão magnética que, por sua vez, pode bombear a corrente através do circuito. Assim, é produzida uma impedância AC, que é sensível ao campo magnético aplicado à MTJ. Um resultado muito importante desta análise é que a medição desta impedância pode ser utilizada para caraterizar o acoplamento entre a camada livre magnética e a corrente eléctrica, e também como leitura da configuração magnética do MTJ. Miao e Moodera (18) estudaram as MTJs com barreiras de túnel compostas de MgO-EuO. Utilizaram a técnica de epitaxia por feixe molecular, combinaram EuO policristalino com MgO epitaxial e construíram MTJs com barreiras de túnel híbridas do composto calcogeneto EuO, que é considerado o material mais conhecido para o fabrico de barreiras altamente eficientes. Conseguiram uma TMR superior a 40% em junções com EuO rico em oxigénio e verificaram que, para uma concentração de oxigénio mais baixa, a magnetorresistência diminui drasticamente, tornando-se finalmente nula, o que indica claramente que a filtragem de spin é enfraquecida quando o transporte é principalmente mediado por canais de condução em excesso através de locais defeituosos. Kai et al (19) calcularam o ruído de disparo em junções túnel balísticas e desordenadas de Fe|MgO|Fe utilizando o método de correspondência da função de onda. Foi observada uma supressão do fator de Fano em função da configuração magnética para barreiras de túnel com ^5 camadas atómicas.

Jian et al (20) demonstraram a excitação da ressonância ferromagnética em MTJs de CoFeB/MgO/CoFeB pela ação combinada da anisotropia magnética controlada por tensão (VCMA) e do binário de transferência de spin (ST), e as suas medições revelaram que o binário VCMA de frequência GHz e o ST em MTJs de baixa resistência têm magnitudes semelhantes. O seu estudo demonstrou que ambos os binários são igualmente importantes para compreender a dinâmica da magnetização de alta frequência impulsionada pela tensão nos MTJ. Foi demonstrado que o VCMA pode aumentar a sensibilidade de um detetor de sinais de micro-ondas baseado em MTJ para o nível de sensibilidade dos dispositivos semicondutores Schottky, um resultado que pode ter grande importância na conceção desses dispositivos semicondutores.

Yuan e Manchon (21) estudaram teoricamente o binário de transferência de spin induzido por tensão numa junção de túnel magnético com eléctrodos magnéticos isolantes. Estudaram teoricamente o binário de transferência de spin induzido pela tensão numa junção magnética em túnel com eléctrodos magnéticos isolantes. Um resultado muito interessante foi o facto de, em contraste com as MTJ convencionais que incluem ferromagnetos de metais de transição, o binário de transferência de spin ter dependências de polarização não convencionais, que estão relacionadas com a presença de processos de tunelamento Fowler-Nordheim dependentes do spin. Verificou-se também que (i) o binário fora do plano domina, em geral, o binário no plano, (ii) o binário fora do plano e o binário no plano são simétricos e assimétricos a baixa tensão de polarização, respetivamente, e (iii) ambos os binários apresentam um aumento dramático a uma grande tensão de polarização. Foi demonstrado que, devido ao baixo parâmetro de amortecimento esperado nos isoladores magnéticos, é possível observar experimentalmente um binário de transferência de spin nestes sistemas.

Meng et al (22) investigaram os efeitos do campo elétrico em dispositivos MTJ perpendiculares de baixa resistência e verificaram que o campo elétrico pode reduzir eficazmente a coercividade (H_c) da camada livre em 30% para uma tensão de polarização V_b = -0,2 V. Verificou-se também que o campo de polarização (H_b) na camada livre depende quase linearmente de V_b, mas é independente da dimensão do dispositivo. A observação das dependências V_b de H_c e Hb em dispositivos MTJ de baixa resistência tem o potencial de alargar a escalabilidade da memória de acesso aleatório magnético binário de transferência de spin assistida por campo elétrico e melhorar a sua velocidade de acesso.

Harada et al (23) efectuaram um estudo muito importante, com resultados de grande alcance, e investigaram a TMR para as MTJ $Fe_3Si/CaF_2/Fe_3Si$, fabricando heteroestruturas Fe_3Si(20 nm)/CaF_2(2 nm)/Fe_3Si(15 nm) num substrato CaF_2(2 nm)/Si(111) por epitaxia de feixe molecular, e transformando-as depois em MTJ de 300x15 mm^2 -area. O trabalho de fabrico foi efectuado utilizando gravura química húmida selectiva e fotolitografia convencional. Verificou-se que as caraterísticas corrente-tensão (J-V) para os MTJs medidos à temperatura ambiente se ajustam bem à equação de Simmons, e o ajuste produz a altura da barreira = 2,5 eV e a espessura da barreira = 1,26 nm. A curva MTR para os MTJs mostrou um máximo na gama de 100-200 Oe e o rácio MTR é de ~ 0,28% sob uma tensão de polarização de 20 mV à temperatura ambiente.

Lei et al (24) referiram em pormenor que o problema do ruído limita a sensibilidade dos sensores MTJ para aplicações em campos magnéticos ultra-baixos. Foi muito bem explicado que a análise do ruído ajuda a encontrar formas de eliminar as perturbações sonoras e é essencial para compreender as propriedades electrónicas e magnéticas dos MTJ. O seu estudo permitiu otimizar a conceção dos sensores MTJ antes do seu fabrico. Neste documento, é feita uma revisão das fontes de ruído nos sensores MTJ registadas nos últimos anos, juntamente com a apresentação das origens e derivações matemáticas das fontes de ruído. Os diferentes factores que afectam o desempenho dos sensores MTJ e uma breve perspetiva dos desafios futuros também foram incluídos neste documento, tornando-o realmente muito importante para os investigadores e engenheiros envolvidos na conceção dos sensores MTJ.

Rumaiz et al (25) estudaram a evolução da estrutura local do Fe e do Co em função do tempo de recozimento em MTJs de CoFeB/MgO/CoFeB, utilizando a estrutura fina de absorção de raios X alargada (EXAFS). Uma observação interessante feita neste estudo é que a depleção de B ocorre juntamente com a cristalização das camadas de CoFeB dentro de alguns segundos após o recozimento de alta temperatura pós-crescimento. Foi salientado que a diminuição do fator de Debye-Waller da primeira camada e, por conseguinte, o aumento da ordem estrutural durante o recozimento é suficiente para explicar o aumento da TMR observado como resultado do recozimento pós-deposição.

Devido aos dois estados distintos, os MTJs são úteis como elementos de memória magnética e servem como bits para armazenamento de informação nas MRAMs, o que pode levar a computadores de ligação instantânea e a baterias de longa duração para dispositivos móveis. Isto dá às MRAMs o potencial para substituir as actuais tecnologias de RAM.

No entanto, para atingir este objetivo, as dimensões dos MTJ têm de ser reduzidas para menos de 100 nm, de modo a permitir a obtenção de uma densidade de área suficientemente elevada e a corresponder à tecnologia dos semicondutores. Por conseguinte, Fabrie (26), na sua tese de doutoramento, procurou fabricar MTJ de sub - 100 nm e investigar a influência das dimensões reduzidas na modificação das propriedades magnéticas e electrónicas. Para promover a estabilidade e a reprodutibilidade da resposta magnética e eléctrica do MTJ, este é incorporado numa pilha de camadas múltiplas. Para a estruturação destas camadas, foram utilizadas técnicas de nanofabricação de cima para baixo para produzir os MTJ de menos de 100 nm. Para os MTJ com uma área de superfície inferior a 0,01 gm2, escolheram a barreira de A12O3 com uma espessura aproximada de um nanómetro para garantir uma corrente de túnel adequada. Assim, concentraram-se na oxidação por plasma de camadas finas de Al com menos de um nm para produzir barreiras de Al2O3.

Observou-se que a sobre-oxidação de barreiras de Al2O3 subnm finas de MTJs pode ser observada em tempo real utilizando medições de elipsometria diferencial in situ, uma vez que a alteração do sinal elipsométrico de camadas de Al crescidas em películas de CoFe é proporcional à quantidade de material metálico oxidado. A derivada deste sinal é, portanto, uma medida direta da taxa de oxidação. Verificou-se também que a análise desta taxa de oxidação ajuda a determinar o início da oxidação do CoFe, e o início é proporcional à espessura da camada de Al depositada. Outra observação interessante feita é que a quantidade de CoO determinada a partir de dados de espetroscopia de fotoelectrões de raios X in situ em amostras idênticas é proporcional à obtida por elipsometria. Isto implica que o momento em que a sobre-oxidação começa pode ser determinado com precisão, o que é uma necessidade crítica para produzir MTJs exactos e funcionais. A litografia por feixe de electrões (EB) foi utilizada para modelar as caraterísticas sub-100 nm. Utilizando a estratégia especial de escrita EB de alta velocidade desenvolvida, foi possível modelar uma área de amostra de 16 mm2 com conjuntos ultra-densos de elementos elípticos sub-100 nm em 10 minutos. As máscaras de Ta foram gravadas a -50° C num plasma SF6/O2 até uma profundidade de gravação que pode ser controlada com uma precisão nanométrica. para transferir O padrão é transferido, e também as matrizes densas de MTJs sub - gm são produzidas utilizando a fresagem com feixe de iões Ar+.

4 Avanços recentes em dispositivos baseados em MTJs

Wang et al (27) investigaram a comutação de magnetização induzida por corrente em junções de túnel magnéticas perpendiculares de tungsténio com espessura de átomo com grande magnetorresistência de túnel. Embora as junções de túnel magnético perpendiculares baseadas em estruturas MgO/CoFeB sejam de grande interesse para as memórias magnéticas de acesso aleatório devido à sua excelente estabilidade térmica, potencial de escalonamento e dissipação de energia, o grande desafio da comutação induzida por corrente nos nanopilares com uma grande relação de magnetorresistência de túnel e uma baixa resistência de junção ainda não foi superado. Wang et al (27) relataram a comutação de torque de transferência de spin em junções de túnel magnético perpendicular em escala nanométrica com uma razão de magnetorresistência de até 249% e um produto de área de resistência tão baixo quanto 7,0 Q цт^2 , consistindo em camadas de W com espessura de átomo e interfaces duplas MgO / CoFeB.

Zhang et al (28) discutiram os recentes progressos e desafios nas junções de túnel magnético com materiais 2D para aplicações spintrónicas. Recentemente, percebeu-se que a lei de Moore está a perder lentamente a sua eficácia, pelo que é muito necessário desenvolver tecnologias da informação alternativas de alta velocidade e baixo consumo de energia com materiais avançados pós-silício; e a aplicação bem sucedida da magnetorresistência de tunelamento (TMR) em junções de túnel magnético (MTJ) deu origem a um enorme impacto económico na informática magnética, incluindo MRAM, sensores de radiofrequência, geradores de micro-ondas e redes de computação neuromórfica. Zhang et al (28) discutiram as questões fundamentais e principais com que se deparam os MTJ e analisaram os progressos actuais realizados com os MTJ 2D, comentaram brevemente o trabalho com alguns materiais 2D específicos, salientaram a forma como estes abordaram os desafios actuais dos MTJ e, por último, apresentaram uma perspetiva dos MTJ 2D. Hirohata et al (29) estudaram a qualidade interfacial para controlar a magnetorresistência de tunelamento e classificaram as junções magnéticas de tunelamento em quatro grupos. Investigaram as possíveis causas da redução da sua magnetorresistência, correlacionando as suas estruturas atómicas interfaciais e o transporte de eletrões polarizados por spin. Além disso, salientaram que a flutuação de spin induzida por deslocações e desordens numa interface ferromagneto/barreira reduz a magnetorresistência correspondente. Hamsa et al (30) discutiram a aplicação da conceção de dispositivos de baixa potência através de junções de túnel magnético em memórias de acesso aleatório magnetoresistivas (MRAM) e propuseram avaliar as junções de túnel magnético (MTJ) ao nível do dispositivo. Além disso, apresentaram uma panorâmica do processo de fabrico, considerando simultaneamente diferentes aspectos das caraterísticas das MTJ, desempenho, desafios e uma vasta gama de aplicações, que são diferentes das aplicações CMOS convencionais. Ogata et al (32) referiram que as junções de túnel magnético (MTJ) no domínio da spintrónica têm recebido enorme atenção devido aos seus fascinantes fenómenos de spin para a física fundamental e potenciais aplicações. Descreveram que a dependência da tensão e as caraterísticas de frequência da TMC podem ser explicadas pelo modelo de Debye-Frohlich recentemente proposto, utilizando a teoria de Zhang-sigmoid, a aproximação da barreira parabólica e o modelo de difusão de deriva dependente do spin; e previram também que o rácio TMC induzido pela tensão poderia atingir mais de 3000% nas MTJ, o que é uma realidade agora que as MTJ podem ser utilizadas como condensadores de pequenas dimensões, com uma vasta gama de frequências e controláveis por uma tensão. Maciel et al (33) estudaram as "Aplicações das Junções de Túnel Magnético". Dado que os dispositivos baseados em spin podem reduzir as fugas de energia e aumentar a eficiência energética, foram considerados como uma abordagem para ultrapassar as limitações do downscaling CMOS, especificamente a junção em túnel magnético (MTJ), que tem sido objeto de muita investigação nos últimos anos. Além disso, a sua não volatilidade, escalabilidade e baixo consumo de energia são altamente atractivos quando aplicados em vários componentes. Este documento apresenta uma seleção de aplicações de MTJ, tais como memória e conversor analógico-digital.

5 Observações finais:

O campo da spintrónica está a progredir a um ritmo acelerado e vários dispositivos electrónicos estão a ser modificados pela aplicação de MTJ e MTR. Tem-se observado que o interesse dos investigadores nos estudos relativos aos MTJ e aos MTR tem vindo a aumentar nos últimos anos, como é evidente em alguns dos trabalhos mais interessantes dos últimos 2-3 anos. Chopra (31) salientou a importância da aplicação da estrutura de filmes finos nos dispositivos spintrónicos. As observações e o número de estudos analisados neste documento mostram que o MTJ e o MTR vão trazer mudanças revolucionárias em alguns dos dispositivos electrónicos.

Referências

(1)Butler, W. H., Zhang, X.-G., Schulthess, T. C. e McLaren, J. M., Phys. Rev. B 63 (2001) 054416.

(2) Mathon, J. e Umerski, A., Phys. Rev. B 63 (2001) 220403.

(3) Ikeda, S., Miura, K., Yamamoto, H., Mizunuma, K., Gan, H. D., Endo, Kanai, M., S. , Hayakawa, J., Matsukura F., e Ohno H. A perpendicularanisotropy CoFeB-MgO magnetic tunnel junction, Nature Materials 9 (2010) 721-724.

(4) Platt, C. L., Dieny, B. e Berkowitz, A. E., J. Appl. Phys. 81 (1997) 5523.

(5) Yuasa, S., J. Phys. Soc. Jpn. 77 (2008) 031001.

(6) Zhang, X.-G. e Butler, W. H., Phys. Rev. B, 70 (2004) 172407.

(7) Meyerheim, H. L., Popescu, R., Kirschner, J., Jedrecy, Sauvage-Simkin, N. M. Heinrich, B., e Pinchaux, R., Phys. Rev. Lett., 87 (2001) 076102.

(8) Yuasa, S., Fukushima A., Kubota, H., Suzuki, Y., e Ando, K., Appl. Phys. Letts., 89 (2006) 042505.

(9) Parkin, S. S. P., Kaiser, C., A. Panchula, P., Rice, M., Hughes, B., Samant, M., e Yang, S.-H., Nat. Mater., 3 (2004) 862 .

(10) Djayaprawira D.D., Tsunekawa K., Nagai M., Maehara H., Yamagata S., Yuasa S., Suzuki Y.,e Ando K., Appl. Phys. Lett., 86 (2005) 092502 .

(11) Lee, Y. M., Hayakawa J., Ikeda, S., Matsukura, F., e Ohno, H., Appl. Phys. Lett., 90 (2007) 212507.

(12) Tsunekawa K., Djayaprawira D. D., Nagai M. , Maehara H. , Yamagata S., Watanabe N. , Yuasa S., Suzuki Y. , e Ando K. , Appl. Phys. Lett. 87, (2005) 072503.

(13) Datta, S., e Das, B., Electronic analog of the electrooptic modulator, Appl. Phys. Lett. 56 (1990) 665-667.

(14) Rashba, E. I., , Spintrónica: Sources and challenge, J. Supercond. 15(2002) 13-17.

(15) Zutic', I., , Novel aspects of spin-polarized transport and spin dynamics, J.

Supercond. 15 (2002), 5-12.
(16) Seth C. Caliga, Cameron J. E. Straatsma, Alex A. Zozulya, Dana Z.. Anderson, Technology Review Physics arXiv Blogue Também, http://arxiv.org/abs/1208.3109. Ver também Kurzweil Accelerating Intelligene - Notícias de 21 de agosto de 2012 .
(17) Silas Hoffman, Pramey Upadhyaya, Yaroslav Tserkovnyak, Spin-torque ac impedance in magnetic tunnel junctions, Condensed Matter > Mesoscale and Nanoscale Physics, arXiv.org > cond-mat > arXiv:1209.1072 Enviado em 5 de setembro de 2012.
(18) Miao Guo-Xing e Moodera Jagadeesh S. Magnetic tunnel junctions with MgO-EuO composite tunnel barriers, Physical Review B 85, (2012) 144424.
(19) Liu Kai e Xia Ke , e Bauer Gerrit E. W, Shot noise in magnetic tunnel junctions from first principles, Phys. Rev. B 86 (2012) 020408(R.
(20) Zhu Jian , Katine J. A. , Rowlands Graham E., Chen, Yu-Jin, Duan Zheng , Alzate Juan G. , Upadhyaya Pramey , Langer Juergen , Amiri Pedram Khalili , Wang Kang L. , e Krivorotov Ilya N, Ressonância Ferromagnética induzida por tensão em junções de túnel magnético, Phys.Rev. Lett. 108, 197203 (2012).
(21) Yuan Y. e Manchon A., Spin Transfer Torque in Fully Insulating Magnetic Tunnel Junctions, Condensed Matter > Mesoscale and Nanoscale Physics, arXiv.org > cond-mat > arXiv:1206.3743.
(22) Meng H., Sbiaa R.,. Akhtar M. A. K, Liu R. S., Naik V. B. e Wang C. C. Efeitos do campo elétrico em junções de túnel magnético CoFeB-MgO de baixa resistência com anisotropia perpendicular, Phys. Lett. 100 (2012).
(23) Harada K., Makabe K, S.,Akinaga H., and Suemasu T., Room temperature magnetoresistance in Fe3Si/CaF2/Fe3Si MTJ epitaxially grown on Si(111) , Journal of Physics: Conference Series C J. Phys: Conf. Ser. 266 (2011) 266 012088.
(24) Lei Z.Q., Li G.J., Egelhoff W.F., Lai P.T, and Pong, P.W.T, Review of Noise Sources in Magnetic Tunnel Junction Sensors, Magnetics, IEEE Transactions on 47 (2011) 602-612.
(25) Rumaiz Abdul K., Woicik J. C., Wang W. G., Jordan-Sweet Jean, Jaffari G. H., Ni C., Xiao John Q., e Chien C. L., Effects of annealing on the local structure of Fe and Co in CoFeB/MgO/CoFeB tunnel junctions: Um estudo de estrutura fina de absorção de raios X alargado Appl. Phys. Lett. 96 (2010) 12502.
(26) Fabrie Corine Geertruida Christina Hermienne Maria, Towards nanoscale magnetic memory elements : fabrication and properties of sub - 100 nm magnetic tunnel junctions / A B. Koopmans (Promotor) H.J.M. Swagten (Promotor) E.W.J.M. van der Drift (Co-promotor) Editora Eindhoven :

Technische Universiteit Eindhoven, 2008.
(27) Wang Mengxing , Cai Wenlong , Cao Kaihua , Zhou Jiaqi , Wrona Jerzy , Peng Shouzhong , Yang Huaiwen , Wei Jiaqi , Kang Wang , Zhang Youguang , Langer Jurgen , Ocker Berthold , Fert Albert e Zhao Weisheng , Comutação de magnetização induzida por corrente em junções de túnel magnético perpendicular de tungsténio com espessura de átomo com grande magnetorresistência de túnel, Nature Communications volume 9, número do artigo: 671 (2018).
(28) Zhang Lishu , Zhou Jun , Li Hui , Shen Lei e Feng Yuan Ping , Progressos e desafios recentes em junções de túnel magnético com materiais 2D para aplicações spintrônicas, arXiv: 2102.03791 (cond-mat), [Enviado em 7 de fevereiro de 2021].
(29) Hirohata Atsufumi, Elphick Kelvin , Lloyd David C. , Mizukami Shigemi, Interfacial quality to control tunnelling magnetoresistance, Front. Phys., 04 de outubro de 202 Sec. Física da Matéria Condensada, Volume 10 - 2022, https://doi.org/10.3389/fphy.2022.1007989..
(30) Hamsa S., Thangadurai N., and Ananth A.G., Low power device design application by magnetic tunnel junctions in Magnetoresistive Random Access Memory (MRAM); Research Article, Conference: Conferência Internacional sobre Fronteiras em Materiais, da Ciência Básica às Aplicações em Tempo Real, em: Bangalore, março de 2019 Volume 1, artigo número 828, (2019), Publicado em: 04 de julho de 2019.
(31) Chopra Kamal Nain, Livro sobre "Spintronics Theoretical Analysis and Designing of Devices Based on Giant Magnetoresistance", DESIDOC, DRDO, Ministério da Defesa, ÍNDIA, 2019.
(32) Ogata Kentaro , Nakayama Yusuke , Xiao Gang e Kaiju Hideo, Observação e cálculos teóricos de grande magnetocapacitância induzida por tensão além de 330% em junções de túnel magnético baseadas em MgO, Scientific Reports volume 11, Artigo número: 13807 (2021).
(33) Maciel Nilson, Marques Elaine , Naviner Lirida, Zhou Yongliang , e Cai Hao , Magnetic Tunnel Junction Applications, Sensors (Basel). 2020 Jan; 20(1): 121, Publicado online em 24 de dezembro de 2019. doi: 10.3390/s20010121, PMCID: PMC6982960, PMID: 31878139.

Alguns termos técnicos importantes utilizados no livro

Capítulo 1

Química Analítica

A química analítica é utilizada para monitorizar vários poluentes no ambiente, incluindo metais pesados, pesticidas e compostos orgânicos, que podem ter efeitos nocivos na saúde humana e no ecossistema.

Capítulo 2

Biopolímeros (BPs) em dispositivos de armazenamento de energia

Os BPs são polímeros derivados de fontes biológicas renováveis, como plantas, animais e microorganismos. Ganharam um interesse significativo como uma alternativa potencial aos polímeros sintéticos tradicionais devido à sua biodegradabilidade, biocompatibilidade e sustentabilidade.

Capítulo 3

Nanozimas

Muitas nanozimas têm a capacidade de imitar as enzimas naturais, como a catalase e a peroxidase, mas os desenvolvimentos futuros conduzirão à produção de novas enzimas artificiais à escala nanométrica. As nanozimas estão atualmente a ser utilizadas em biomedicina através da deteção de alvos como pequenas biomoléculas.

Capítulo 4

Nano-Spintrónica

Na Nano-Spintrónica, a tónica é colocada na investigação fundamental nas três áreas da spintrónica baseada em metais, semicondutores e moléculas/átomos, com o objetivo visionário de desenvolver dispositivos spintrónicos à escala nanométrica baseados num conhecimento pormenorizado das interações e processos atomísticos subjacentes dependentes do spin.

Capítulo 5

Polímeros naturais biodegradáveis

Os polímeros biodegradáveis naturais são uma classe especial de polímeros que se decompõem após o fim a que se destinam através de um processo de decomposição bacteriana, resultando em subprodutos naturais como gases, por exemplo CO2, N2, água, biomassa e sais inorgânicos.

Os melhores exemplos de polímeros biodegradáveis são o ácido poliglicólico (PGA), o nylon-2-nylon-6, a policaprolactona e o polihidroxibutirato.

Preparação do nylon-2-nylon 6.

Os monómeros são a glicina e o ácido amino caproico.

IINII2CII2C()()II-IINII2ICII2)5C()()II>

[-CO-CH2-NH-CO-(CH2)5-NH-].

O polímero chama-se nylon-2 -nylon -6 porque há 2 átomos de carbono na glicina e 6 átomos de carbono no ácido amino caproico.

Capítulo 6

Junções magnéticas de túnel (MTJ)

O MTJ é uma estrutura de película fina multicamadas, composta pela colocação de um isolador entre um ferromagneto duro interno e um ferromagneto macio externo.

E a Resistência Magnética Total (TMR) é dada pela seguinte expressão: TMR=[{(Rap-Rp)/Rp].

A resistência magnética gigante (MR) é dada por:

MR=AR/R0 = {(R0 - RH)/R0},

em que R_o representa o valor da resistência das amostras sob campo magnético nulo e R_H representa o valor da resistência da amostra sob campo magnético. A GMR é também designada por magnetorresistência colossal (CMR) em alguns estudos de investigação.

Na prática, existem dois tipos de MTJ, que se baseiam em (i) Coercividades diferentes e (ii) polarização de troca utilizando antiferromagnetos.

Printed by Books on Demand GmbH, Norderstedt / Germany